获 *2002* 美国景观设计协会年度设计奖

Winner of ASLA Design Honor Award

下化
足文与　Weeds
野草
之美

The Culture Being Ignored
and The Beauty of

——产业用地
再生设计探索，
岐江公园案例

— The Regenerative
Design of An Industrial
Site, The Zhongshan
Shipyard Park

俞孔坚　庞　伟　等著
北京大学景观规划设计中心
北京土人景观规划设计研究所
Yu Kongjian Pang Wei
Turen Design Institute
(Turenscape) Center for
Landscape Architecture,
Beijing University

中国建筑工业出版社
China Architecture & Building Press

土人景观著作系列：

为促进中国景观设计学的研究与实践,北京大学景观规划设计中心与北京土人景观规划设计研究所,同中国建筑工业出版社等合作,持续出版景观设计理论、方法、设计案例及国外译著,已经和正在出版的著作包括:

俞孔坚,景观:文化、生态与感知,北京,科学出版社.1998,2000

俞孔坚,景观:文化、生态与感知,台湾,田园文化出版社.1998

俞孔坚,理想景观探源:风水与理想景观的文化意义。北京,商务印书馆.1998,2000

俞孔坚,生物与文化基于上的图式——风水与理想景观的深层意义,台湾,田园文化出版社.1998

俞孔坚 等,高科技园区景观设计——从硅谷到中关村,中国建筑工业出版社.2001

俞孔坚 庞伟等,足下文化与野草之美——产业用地再生设计探索,岐江公园案例,中国建筑工业出版社.2002

俞孔坚,设计时代——国内著名艺术设计工作室创意报告:土人景观,河北美术出版社.2002

俞孔坚 李迪华,城市景观之路——与市长们交流,中国建筑工业出版社.2003

Simonds著,俞孔坚 王志芳 孙鹏 等译,景观设计学——场地规划与设计手册。中国建筑工业出版社.2000

Marcus,C.和C.Francis编著,俞孔坚、王志芳,孙鹏等译,人性场所。中国建筑工业出版社.2001

Nines,N.和Brown,K.编著,刘玉杰,吉庆萍,俞孔坚等译,景观设计师便携手册,中国建筑工业出版社.2002

Birnnaum,C.和Karson,R.编著,孟亚凡,俞孔坚 等译,美国景观设计师先驱,中国建筑工业出版社.2003

俞孔坚,Davorin Gazvoda,李迪华,多解规划——北京大环案例,中国建筑工业出版社.2003

贡献者

设计委托方：中山市规划局

建设方：中山市公用事业局

设计单位：北京土人景观规划设计研究所，北京大学景观规划设计中心、广州土人景观咨询公司

首席设计师：俞孔坚

主要参与设计人员：庞伟、黄征征、凌世红、张娟、李向华、石颖、李健宏、邱钦源、刘东云、吴本、胡海波、孙鹏、王志芳等。

景观工程：广州土人景观咨询公司、北京土人景观生态工程公司

土建工程：中山市公用事业局

本工作特别感谢刘管平、彭建文、刘慧林、何少阳、何华忠、周剑云、陈鹏、张柯等专家和领导的大力支持。

除了广大"土人"积极投入本项目外，在岐江公园设计和实施过程中还得到众多艺术家、工程师和其他人士的宝贵支持，谨向他们一并致谢，他们包括（但决不限于）：

曹文志	董 涛	段铁武	范 文	高富谦	胡丽娟	黄超力
黄靖宇	黄慧玲	黎有才	李迪华	李 贞	李 刚	李庆实
李祥辉	林青松	刘 业	刘青石	卢雄强	卢志辉	邵剑平
沈向炜	孙敏明	王 萍	王申正	王咏梅	谢应敏	叶 军
叶炽坚	殷志航	尹小甜	于廷贵	袁敬东	张 东	张一民

前言

　　本工程从现场调查（1999年5月）到设计再到基本建成（2001年5月），历时两年有余。其间有不少痛苦也有许多欢乐。除了众多设计者的辛勤劳动之外，特别要感谢对土人始终怀着信任的态度，并最终使设计付诸实施的人们，该感谢的人和值得回忆的事很多，不能一一表白。其中最令人难忘的是三个场景，第一个场景发生在1999年初，刘慧林女士偕何少阳、何华忠、张柯等一行到北京，将如此一个富有挑战性的项目委托给"土人"，这种信任一直成为"土人"在设计与工程建设过程中重要的精神支柱；第二个场景发生在1999年6月，当土人初次将一个"足下文化与野草之美"的概念呈示给中山市规划局组织的专家们评审会时，得到以刘管平教授为首的专家们的充分肯定，刘教授并在此后的多次方案争议中，甚至在几经面临被推翻的场合中，都坚决表明其肯定的立场，使得方案的原义能得以基本坚持。第三个场景发生在2001年初，公园的建设进入关键时刻，彭建文副市长力排众议，使公园的一些关键设计能得以实现，而避免了一些较大的遗憾，彭市长并以"二锅头"相赠，使春节前夕仍然奋战在工地的"土人"们得到极大鼓舞。岐江公园是个实验作品，允许失败是实验能否继续的关键，正是中山市的决策者和主管部门对待实验性设计的积极态度，正是刘管平教授这样的专家对待新的探索的鼓励和支持，才使本项目得以完成。正当本书完稿之际，获悉本项目被授予2002年美国景观设计协会年度设计荣誉奖，评委们及国际同行的评价令人欣慰，对那些曾经为本项目付出劳动的执着的人们是一种莫大的赞许。

　　作为本项目的主持设计师，本人十分庆幸有一支特别能战斗的"土人"团队。没有这一团队中每一位直接和间接参与项目的"土人"们的齐心协力，没有"北京土人"和"广州土人"之间默契的两地配合，要完成这样一个复杂的工程是不可能的。特别应该感谢的是庞伟和黄征征领导的现场工作组，每次到现场看到他们全身沾满泥土，从一个个白领设计师，变成了真正的"土人"甚或"泥人"，在南方的烈日下指挥，甚至亲自施工，一种敬意和感激之情便油然而生。

　　我们也非常荣幸地获得众多艺术家、工程师、学者以及当地各级领导直接或间接地给予项目的支持和帮助。

　　本书作为一个案例的集成，在倡导足下文化与野草之美的同时，在设计途径上做了些探索，特别在三个方面会对同行有所启发：

　　第一，　如何解决水位变化的滨水地段的生态性与亲水性，本案例尝试了栈桥式的水际设计方式，事实证明是成功的；

　　第二，　如何解决江河防洪过水断面拓宽和保护沿岸绿带的问题，本案例尝试了挖侧渠而留岛的方式，事实证明也是可行的；

　　第三，　如何对待产业用地及其构筑物等，本案例尝试了三种设计途径，即：保留、改造再利用和再生。这方面可探讨的余地较大。

　　项目有许多遗憾，有的是在设计中发生的，有的是在工程实施过程中发生的，但主题和立场是鲜明的，那就是尊重足下的文化——平常的和普通人的文化，歌唱野草之美——那些被践踏和被忽视的美。同时强调，并不是所有普通和平常的文化都可以成为艺术的，也不是自然和野草就是美的，设计才使它们成为艺术，成为美。本案例用直白的语言表达了设计者对文化的理解，对传统的理解，对自然的理解，对设计的理解，对人性的理解，对公园的理解。

　　非常感谢刘慧林女士作为整个设计过程的内情人为本书提供了一篇档案性的重要文字，刘女士是最有权利解说设计委托过程及方案论证过程的。

　　本书还有幸获准收入两篇已发表的评论，由深圳大学建筑设计院的胡异和东南大学王建国教授提供，他们分别从现场体验者的角度和站在一个全球产业用地再利用和再生的视野上，以外在者的身份来定位和解读岐江公园，都将有助于读者认识岐江公园。

　　除注明外，本书的其他文字和照片都由俞孔坚撰写、拍摄，尽管如此，本书所展示的成果是集体创作的结晶。

俞孔坚

2002年仲秋于燕园

Contents

目　　录

Contents

Chapter I Description of the Design

第一部分　　初　设　计

(第一轮设计方案，1999年6月)

1.1 场地概况

岐江公园位于广东省中山市区，地处南亚热带。园址东临石岐河（岐江），南依人民桥，北距富华酒店近百米。总面积11公顷，其中水面3.6公顷。场地原为粤中造船厂旧址。沿江有许多大叶榕，场地基本为平地。

1.2 规划目标（公园性质）与原则

具有时代特色和地方特色，反映场地历史的能满足市民休闲、旅游和教育需求的综合性城市开放空间，使之成为中山市的一个亮点，设计强调以下几条原则：

（1）场所性原则：设计体现场地的历史与文化内涵及特色；

（2）功能性原则：满足市民的休闲、娱乐、教育等需求；

（3）生态原则：强调生态适应性和自然生态环境的维护和完善；

（4）经济原则：充分利用场地条件，减少工程量，考虑公园的经济效益。

1.3 总体设计思想

遵循四大规划原则，本设计强调以下几方面的特色：

1.3.1 场所性：着重在三个层面上体现

公园区位图
Location of the park

场地现状：近11公顷，造船厂旧址。中部为湖，有大量残破的船坞和厂房，机器，两座水泥水塔，临江多古榕树。

The existing features of the site:a former shipyard of 11 hectares with a lake in the middle,a lot of old banyan trees,docks,two water towers,etc.

（1）体现工业化时代的普遍性的含意。工业化时代强调用机器代替人力，强调机械性（机械的动力和结构）；强调把复杂事物及工序的分析和分解为简单的一对一结构与功能关系。因此，设计中将高度提炼一些工业化生产的符号包括铁轨、米字形钢架、齿轮，甚至一些具体的机器，如厂区中原有的压轧机、切割机、牵引机等机器，在公园的形式上也充分体现工业化时代的特色。

（2）体现中国20世纪50～70年代社会主义工业化运动和包括"文化大革命"的时代特色。这一时代明显带有生产与政治斗争相混合的特点，是极富有时代特色的一个阶段，以群众运动、阶级斗争、个人崇拜等为特色。因此，在设计上充分提取车间中仍然保留的形式符号，如领袖像、标语、口号、宣传画等，以创造一种历史的氛围。

（3）体现造船、修船的特色。以船为主题，在公园的形式和功能上予以充分的表达，形成另一层面上的特色。

1.3.2 功能性：开放的综合性城市空间

（1）打破一般"公园"或"园林"的概念，而是作为城市空间，主张不设门，不修围墙，是城市开放空间系统的一个节点，为市民提供一个可达性良好的城市空间。

（2）主题餐饮与主题茶座：以20世纪

原有船坞
The existing docks

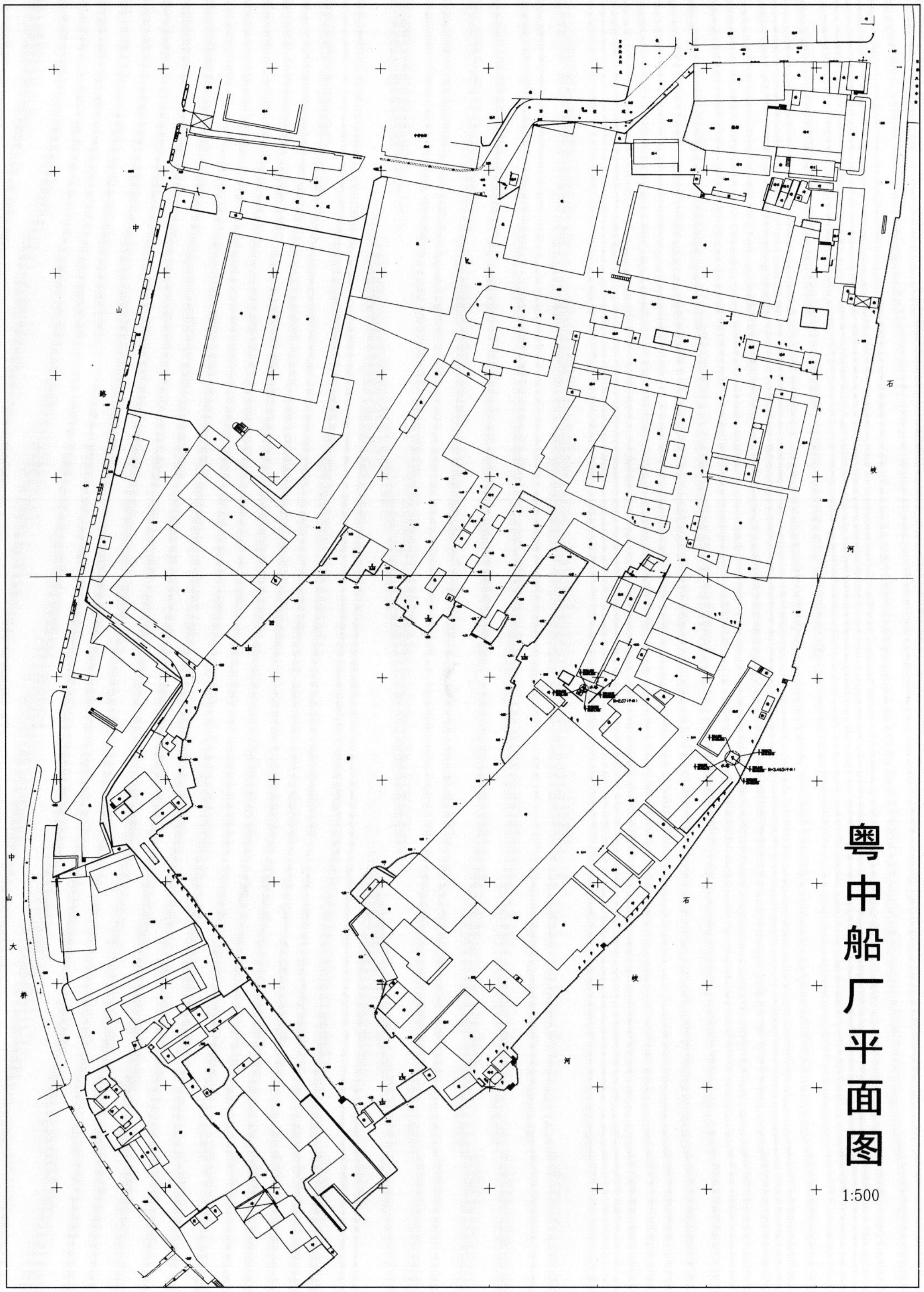

粤中船厂平面图

1:500

场地现状平面
The existing
site map

50～70年代工业化及造船业为主题，充分利用现有厂房，改造成中山市民生活中最重要的茶座和餐饮场所。

（3）主题儿童游嬉场所：以船及工业化生产过程为主题，结合"水"这一永恒的游嬉材料，构成儿童游嬉乐园，在形式上仍采用开放式。

场地中的构筑物与机器
The existing structures and machineries

（4）自由休闲：充分为市民提供一个自由的休闲空间，包括晨练、纳凉、夜景欣赏空间等。

（5）旅游：作为中山市一处特色的场所，供外来观光者游览。因此，公园设计时考虑具有观赏性和纪念性。

1.3.3　生态性：因地制宜，乡土生物群落

（1）利用乡土树种，基调树包括大叶榕和棕榈科植物。

（2）水边和草地上大量配置乡土植物群落，形成可持续的生态群落。

1.3.4　经济性：充分利用场地的条件，减少投入，挖掘土地价值

（1）保留和充分利用原有地形、厂房结构和植物（大树），力图在最少改造的前提下，减少造价，同时创造富有特色的景观。

（2）减少维护成本，除功能性的建筑外，大面积都是草地（非精致）和乡土植物群落，不做维护成本很高的模纹花坛。

（3）考虑通过功能性餐饮及茶座的经营，获得经济效益，用于公园管理，而不是靠门票来取得经济效益。

城市道路
一级道路
二级道路
三级道路

0　10　　　　50M

第一轮方案总平面
The first plan

1.4 总体布局与总体景观设计

1.4.1 南北格局

根据场地特色,公园总体上可分为南北两部分,北部具有明显的城市肌理和功能性,集中体现设计的文化内涵;南部则为自然的水、草、疏林空间,南北对比,而又有呼应,中间的阔大水面成为南北两部分的分隔和连接,一阴一阳,一虚一实。

1.4.2 水系格局

(1)充分利用原有水面,整理湖岸,疏通水系,形成一个完整的内部水系。

(2)公园西北边界设溪流,同时起边界分隔作用。溪流水体用自来水作为水源,内外水系相对独立,以便使公园内维持稳定的水位(设计水平面高度1.9米),不会受岐江(石岐河)水位变化和水质污染的影响。

(3)岐江一侧设一平行内渠,一方面满足水面总宽度80米的要求,同时保留江堤上的古榕树,形成江外有江的景观效果。

1.4.3 道路系统

(1)沿公园以一主环路贯通,满足消防及公园管理之行车要求,平时不通车。

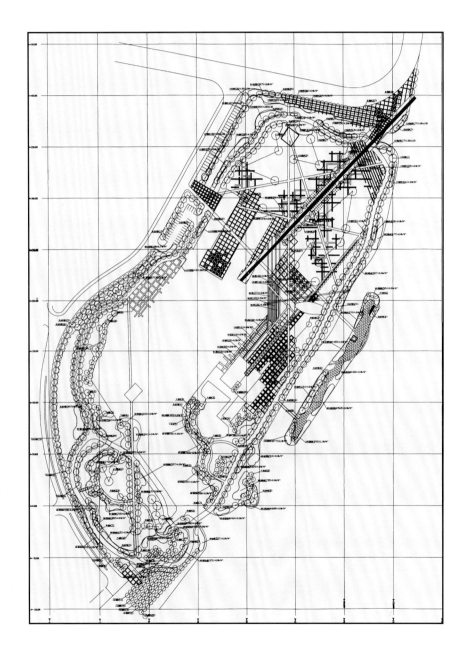

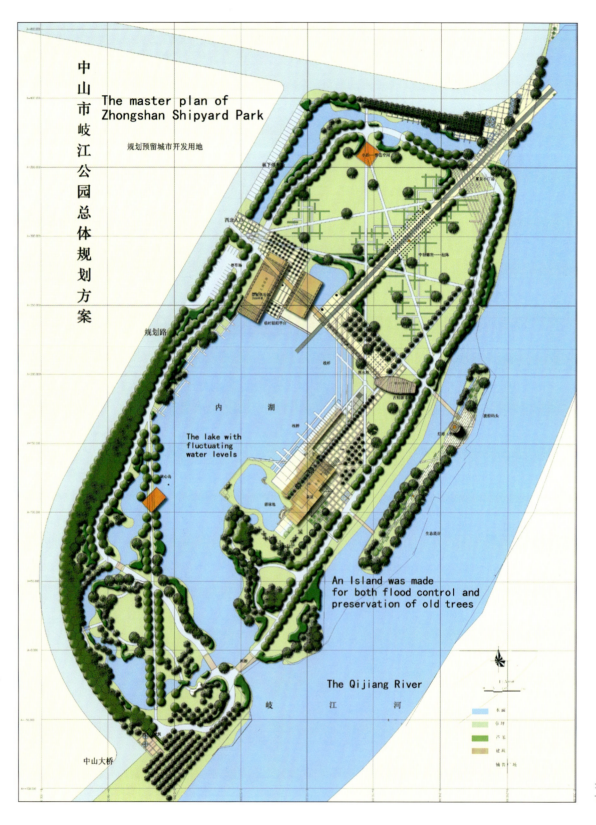

中山市岐江公园总体规划方案

The master plan of
Zhongshan Shipyard Park

规划预留城市开发用地

规划路

内　湖

The lake with
fluctuating
water levels

An Island was made
for both flood control and
preservation of old trees

The Qijiang River

岐　江　河

中山大桥

最终方案
The final plan

（2）北部的步行道以两点最短距离为原则，联结主要出入口和功能区，与传统造园手法完全不同。也不同于西方古典造园手法的视觉形式美原则，而是采用自由、高效而简洁的具"工业化"特征的直线路网，阡白陌黑，生动明朗，具有现代风格。

（3）南部为自然式，流线形道路系统，与北部形成对比。同时，也有一直线形道路横穿而过，与北部相呼应。园路按宽度和使用性质分为三段：一级路（主环路）4.5米；二级路（直线形道路）2.2米；三级路（自由曲线形）1.7米。

1.4.4 广场

主入口处为一城市广场，整形规则，铺地及水体形体均体现设计欲达到的风格。其他两个入口广场也作类似处理，但又有变化。中部广场为主要的功能活动区，连接两组建筑。所有广场均以棕榈科植物作绿化（后有所调整），使其具有明显的热带性、现代性及功能性。

1.4.5 建筑

有两组建筑，分布于中部广场的两个顶端，均利用原有造船厂之船坞和厂棚改造而成，功能上，西部建筑以主题餐厅为主（后有所调整），风格上为以船为主题的现代钢架结构，将水引入中庭，一层为游艇俱乐部及演艺厅，二层为餐厅。建筑中保留、穿插原船坞构架。

东部建筑为厂棚柱架及现代玻璃建筑相穿插而成，局部将棚架覆瓦去掉，保留栅格，而形成半户外空间。功能上为主题茶座，咖啡厅和户外茶座（后有所调整）。并与户外帆篷结构及泳池、儿童游嬉场

城市广场类型景观控制区域

自然林地类型景观控制区域

南北格局
South—north zoning

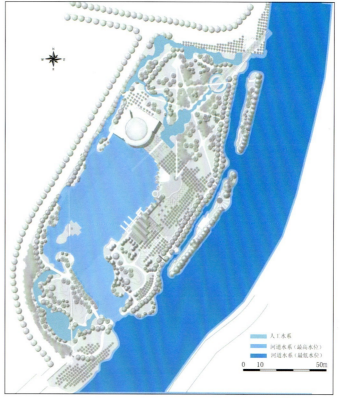

人工水系
河道水系（最高水位）
河道水系（最低水位）

0　10　　　　50m

水系格局
Water system

人流及道路系统
Pedestrian flows and roads

（后来被取消）相联系，构成一组室内外空间相穿插的休闲广场和建筑。

1.4.6 节点与小品

（1）标志性雕塑：在以钢轨为基调的轴线上设置反映主题构思的标志性小品，包括入口的水池与船的龙骨雕塑及轴线顶端的齿轮树（后来被取消）。

（2）厂区原有旧机器作为装饰小品，包括入口处的两台冲压机，广场上置放的缝纫机、切割机等，可与水池、喷泉相结合，保留两个水塔，其中一个与游泳池相结合（后有所调整）。

（3）几个静思空间，分别置于公园的三个角上，以回味历史为主题，用后现代语言来表达。三个内敛性空间，分别以不同的几何图形和色彩作为塑造手段，表达不同的性格和内容。方形－红色－自醒；圆形－黄色－欢聚；三角形－绿色－交融（后来只实现了第一个）。

1.4.7 绿化

绿化分为四种主要类型：一是广场的方格式棕榈科植物列阵；二是自由式疏林草地，以榕树及其他大型庭荫树为主；三是路边及岐江岸边的大叶榕作为行道树和庭荫树；四是水边水生植物群落（后来增加了绿盒子的种植）。

1.4.8 驳岸

驳岸包括多种，中部湖岸采用方格嵌草的半自然栈桥式驳岸，岐江边则采用层层后退的亲水石埠，南部则以自然泥质湖岸，下延入水，形成自然植物群落，溪流部分则利用卵石形成浅流。

1.4.9 铺地

将旧厂房拆下的红砖作为主要的铺地

景观视觉分析
Visual analysis

功能分区
Functional zoning

材料（后来由于工期太紧，未能实现），道路则采用自然石材（花岗石）和青石铺地。

1.5 经济技术指标

总面积：110000 平方米

水体总面积：36255 平方米，占总面积的 35％

内湖面积：23494 平方米

河道面积：7373 平方米

人工水系面积：5389 平方米

陆地面积：66725 平方米，占总面积的 65％

广场总面积：12518 平方米

中部广场：7544 平方米

北、西部入口广场（含停车场）：3236 平方米

其他广场 1738 平方米

道路：8674 平方米

建筑：占地面积 3393 平方米，建筑面积 5782 平方米

主题茶座（后来改为游艇俱乐部，未能建成）：占地面积 885 平方米，建筑面积 885 平方米

主题餐饮及综合服务（后来改为现代设计馆）：占地面积 2508 平方米，建筑面积 4897 平方米。

Chapter 2
Interpretation
第二部分　　　诠　释

2.1 理解场地：机遇与挑战

场地的以下几个方面给设计提供了机会同时也是挑战：

2.1.1 水体与变动的水位

（1）挑战

占场地35％的水面是可以充分利用的场地自然特质。但是，水面与石岐河相联通，因受海潮影响，水位日变化达1.1米，低水位时，湖岸裸露泥泞不堪，水际可达性差。这是场地对设计提出的第一大挑战：如何利用原有水面，设计一个生态、美观而亲人的湖岸。

水位变化下的生态与亲水设计所面临的主要问题有两个：一是湖水水位随岐江水位变化而变化；二是湖底有很深的淤泥，湖岸很不稳定。现状的情况是在高水位时，湖水近岸，岸上植被与水线相接，有良好的视觉效果，而这种高水位却只能维持很短时间，水位下降时，湖边淤泥出露，人也难以亲近。因此，设计师面临的挑战是如何在一个水位多变、地质结构很不稳定的情况下，设计一个植被葱郁的生态化的水陆边界，并使人能恒常地与水亲近，使水－生物－人得以在一个边缘生态环境中相融共生。同时，这个生态设计必须是美的，只有美的生态，才能唤起使用者的认同。面对以上问题，除了解决工程上的固土护岸问题外，本设计提出了三个基本目标：即亲水、生态和优美。

（2）解决之道：栈桥式亲水生态湖岸

针对上述问题与挑战，本案例中尝试了栈桥式亲水湖岸的设计。具体做法有三点：

第一，梯田式种植台：在最高和最低水位之间的湖底修筑3～4道挡土墙，墙体顶部可分别在不同水位时淹没，墙体所围空间回填淤泥，由此形成一系列梯田式水生和湿生种植台，它们在不同时段内完全或部分被水淹没。

第二，临水栈桥：在此梯田式种植台上，空挑一系列方格网状临水步行栈桥，它们也随水位的变化而出现高低错落的变化，都能接近水面和各种水生、湿生植物和生物。同时，允许水流自由升落，而高挺的水际植物又可遮去挡墙及栈桥的架空部分。人行走其上恰如漂游于水面或植物丛中。

第三，水际植物群落：根据水位的变化及水深情况，选择乡土植物形成水生－沼生－湿生－中生植物群落带，所有植物均为乡土植物，使岐江公园成为多种乡土水生植物的展示地，让远离自然、久居城市的人们，能有机会欣赏到自然生态和野生植物之美。同时随着水际植物群落的形成，使许多野生动物和昆虫也得以栖居、繁衍。所选乡土植物包括：水生的荷花，茭白，菖蒲，旱伞草，茨菇等；湿生和中生的包括芦苇、象草、白茅和其他茅草、薏苡等。

结果表明，试验是卓有成效的，建成不到3个月的栈桥式护岸，基本实现了在湖水变化很大的状态下，仍然保持亲水性和生态性的目标，同时，精心选择的乡土植物与花岗石人工栈桥相结合，产生了脱俗之美感。而且，随着时间的推移，水际群落的不断丰富和成熟，生物多样性将不断提高，生态、亲水和美学效果将更加显著。

2.1.2 古树保护与防洪要求

（1）挑战

场地内有许多古榕，集中分布在石岐河沿岸，是原场地最动人的风景线。与此同时，水利部门根据防洪要求提出拓宽过水断面达20米（从60米扩到80米）。在法律和经济面前，风景与历史遗迹总是处于劣势的，这意味着所有古榕将

遭厄运，而这对于景观设计师来说是不能接受的。

于是就有场地对设计提出的第二大挑战 如何在满足过洪断面的同时,保护原有古榕,使之成为新公园的有机部分。

（2）解决之道：开渠成岛

面对挑战,根据河流动力学,设计提出开挖内河,满足过洪断面要求,使原江岸上的古榕和水塔形成岛屿,保住了几十年的自然与人文遗产,同时在空间上形成了另一个层次,丰富了公园的景观。岛上的灯光水塔因此也成为航标灯塔。

2.1.3 厂房、机器与故事

（1）挑战

粤中造船厂始建于1953年,破产于1999年。走过了由发展到壮大再到消亡的简短却可歌可泣的历程。工厂创业时只有200多人,最辉煌的时代曾经有1500人。相对于任何一个中国的大型国企来说,都不算大,但对中山这样一个小城市的居民来说,曾经是一个值得自豪而令人向往的"单位"。而它那近半个世纪的经历不但可作为城市记忆的一个重要部分,也折射了整个中国这一阶段的悲壮经历：大跃进,大办钢铁,"反修防修","文化大革命","批林批孔",粉碎"四人帮",对越自卫反击战,改革开放……

作为工厂,它不足称道。但几十年间,粤中造船厂历经新中国工业化进程艰辛而富有意义的历史沧桑,特定年代和那代人艰苦的创业历程,也积淀为真实并且弥足珍贵的城市记忆。而在当今轰轰烈烈的城市建设高潮中,这种记忆是稍纵即逝的,由于其中所搀杂的极端的现象,甚至就连亲身经历过的人们也会怀疑其真实性,更不用说他们的后代们。

场内遗留了不少造船厂房及机器设备,包括龙门吊、铁轨、变压器,等等。它们有的是20世纪70年代的,有的是60年代,甚至50年代的遗物。作为文物,它们都被认为毫无价值 作为废铁,它们论吨计价; 作为景观,它们往往离现代普通人的审美期望相距甚远,大多不堪入目。它们是被遗弃的、却曾经是备受宠爱的孤儿,可它们所讲述的故事却是动人而难忘的,断墙上那残存的标语和口号仍映着火红与热烈。

所以,场地对设计提出了第三大挑战：在多大程度上和用什么方式保留和利用场地的厂房及机器设备,又如何引入新的设计形式,来凸显场地的精神,同时又是具有功能和审美价值的。

（2）解决之道：保留、再利用与再生

本设计既没有如一般城市改造过程中对工业遗迹的彻底清除,也没有走极端的遗址保留和生态恢复的道路,而是在深入细致的现场调研基础上,适度保留现有厂房和机器,并通过新的设计,显现场地精神,同时赋予场地新的功能和形式。在讲述过去故事的同时,创造现代人的休闲娱乐空间（详见"理解设计"一节）。

2.2 理解文化与传统：关于足下的文化与直线路网

当挖空心思寻找千年古迹和传统形式,以求地方文脉和精神的时候,突然发现,这种精神就在足下、就在眼前。在"退二进三"的城市改造中,那些被视为丑陋的钢铁厂棚、生锈的铁轨和吊车、斑驳的烟囱和水塔,却给每个经历过那个火红时代的人们多少记忆,又能给没有经历过的人们多少想像的空间。

人们在追求"文化",一个非常抽象的概念。而当需要建筑师或景观设计师将其具体化的时候,我们习惯于把眼光投向城市与场地的久远历史——百年、千年甚至万年。那历史的文化传统当然是值得珍惜、留恋和尊重的。所以需要挖地三尺，需要翻阅那积着尘土的线装本，需要从博物馆中寻求灵感与参照，找到延续文脉的逻辑。因此，有了中国众多古老城市中的仿古建筑和景观。或曰，这是个新的城市，没有文化，于是，我们把眼光投向异域，投向古希腊、古罗马，投向欧洲的巴洛克、美国的新古典主义。因此，才有了习见于大江南北城市中的欧陆之风。

这些文化与传统，作为设计师的追求都无可厚非。而本设计所要体现的是脚下的文化——日常的文化、作为生活和作为城市记忆、哪怕是昨天的记忆的历史文化；那些被遗忘、被鄙视、被践踏的人、事和自然之物的故事。这不是一种背叛，而是设计师的一种理解，一种对人自我的理解，一种对文化与传统的理解。

文化是人类社会群体所创造的物质和精神世界的总和，而传统本质上反映了彼时的人们对当地自然气候条件、地形、资源、技术和当地人的生活方式的适应。

设计之初，本设计面临了三个设计思路上的诱惑：

第一大诱惑：借用当地古典园林风格，即岭南园林的设计方法，这是方案之初许多专家所推介和崇尚的。优越的临江及含湖环境、丰富的岭南植物以及中山市已有的园艺和工艺技术，加上资金上的保证，为创造一个具有地方特色的古典园林创造了条件。

第二大诱惑：设计一个西方古典几何式园林，其理由也相当充分。首先中山作为一个华侨城市，近百年来，受到南洋建筑风格的影响。其次，近年来的城市景观建设也特别注重园艺和工艺之美。再者，欧陆风格广泛获得接纳，在此设计一个强调工艺与园艺及几何图案之美的观赏性景观，也不失为一条颇受欢迎的途径。

第三大诱惑：借用现代西方环境主义、生态恢复及城市更新的路子，其典型代表是 Richard Hagg 的美国西雅图炼油厂公园和 Peter Latz 的德国 Ruhr 钢铁城景观公园（Brown，2001），这两者都强调了废弃工业设施的生态恢复和再利用，而成为具有引领现代景观设计思潮的作品。坦诚地讲，这一诱惑是最大的，而且整个设计也贯穿了生态恢复和废旧再利用的思想，其中的许多方法也借鉴到本设计中来了。但同时本设计放弃了极端的保护与环境主义的途径，而强调了文化内涵的挖掘和通过设计来体现自然与普通的美。

岐江公园的个性正是在与以上三种设计思路的不同和相同中体现出来的。与传统岭南园林相比，岐江公园彻底抛弃了园无直路、小桥流水和注重园艺及传统的亭台楼阁的传统手法，代之以直线形的便捷步道，遵从两点最近距离，充分提炼和应用工业化的线条和肌理。与西方巴洛克及新古典的欧式景观相比，岐江公园不追求形式的图案之美，而是体现了一种经济与高效原则下形成的"乱"，包括直线步道的蜘蛛网状结构，"乱"的铺装以及空间、路网、绿化之间的自由、却基于经济规则的穿插。与环境主义及生态恢复相比，岐江公园借鉴了其对工业设施及自然的态度：保留、更新和再利用。同时，与之不同的是，岐江公园的设计强调了特定时代与特定地域的文化含义和自然特质，尤其在新的设计中强化场地及景观作为特定文化载体的意义，通过再生的物质和精神设计，揭示人性和自然之美。

2.3 理解自然：关于野草之美

人们在追求美，一个同样抽象的概念，而当需要景观设计师、园艺师将其具体化的时候，我们习惯于追求园艺之美、几何之美，亦或古典式的小桥流水之诗情画意，因此有了牡丹花的争奇斗妍、月季花的五彩斑斓；因此，也有了源之于凡尔赛的七彩花坛和源之于江南文人山水园林的曲径通幽。

这些美，作为设计师的追求都无可厚非。而本设计所要表现的美是野草之美，平常之美，那些被遗忘、被鄙视、被践踏的自然之物的美。

儿童时代放牛为业，每天最大的心愿是给牛找到丰盛的野草。当在林中、溪边或是在田埂之上看到青翠鲜嫩的水草，便有如获大发现时的激动感。这种激动源于对牛的心爱，因此也期待田里应该长野草而非庄稼。由此也想到美的本源，特别是对园艺美的反思：野草是美的，因为和庄稼或鲜花在本质上并没有区别。

新的环境伦理则在更理性的层面上告诉人们，乡土野草是值得尊重和爱惜的，它们之于人类和非人类的价值绝不亚于红皮书上的一类或二类保护植物。在每天都有物种在地球上消失的今天，在人类日益远离自然、日益园艺化的今天，乡土物种的意义甚至比来之于异域或园艺场的奇花异木重要得多。

然而并没有多少城市居民有儿童时代放牛为业的经历，也没有多少公园的造访者懂得环境伦理，所以，野草之美往往被埋没。景观设计师的责任是通过对自然的设计向人们展示野草之美的特质。

在本公园的设计中，大量使用了乡土野草，包括用于湖岸绿化的挺水植物，各类茅草。通过与几何路网和铺装及机器的对比，白茅、象草和莎草成为营造公园历史与工业气氛的主要材料之一。

用水生、湿生、旱生乡土植物——那些被农人们践踏、鄙视的野草，来传达新时代的价值观和审美观。并以此唤起人们对自然的尊重，培育环境伦理。

2.4　理解设计：保留、再利用与再生

岐江公园诠释了设计者对"设计"的理解：设计师的首要任务是阅读场地，保留"没有设计师的设计"，或原有设计师的设计，因为那是时间的作品，是历史的积淀，更是故事的载体。然后对旧有设计进行修饰和增减，以图能更加艺术和戏剧化地表达旧设计的精神。最后才是新形式的设计，其目的是通过诗化的语言，将设计师的强烈的场所体验，传达给造访者，同时，更能满足新的功能和审美需求。

经过激烈的争论和广泛的公众参与之后，中山岐江公园设计组提出的以产业旧址历史地段的再利用为主旨的设计方案终于在当地领导的果敢决策下得以实施。这里将主要介绍公园对产业旧址及构筑物和机器的利用方式和在此基础上的新的设计形式，并由此引发对设计概念的理解。

关于产业类历史地段的保护性利用，国际上已有一些成功的例子。[2,10,11,12] 如何通过设计使旧址保留其历史的印迹，并作为城市的记忆，唤起造访者的共鸣，同时又能具有新时代的功能和审美价值，关键在于掌握改造和利用的强度和方式。从这个意义上讲，设计包括对原有形式的保留、修饰和创造新的形式。

2.4.1　设计途径之一：保留，尊重没有设计师的设计

凯文·林奇认为，"设计是想像地创造某种可能的形式，野草不自美，因人、因设计而美。在不同的生境条件下，

来满足人类的某种目的，包括社会的、经济的、审美的或技术的"。一个更为宽泛的定义是"设计是物质、能量和过程的有意识的塑造，以满足期望的需求或欲望"[8]，所以，设计是通过物质、能流和土地利用方式的选择，连接文化与自然的纽带。从这个意义上讲，受过职业教育和具有较高文化修养的建筑师、景观设计师、城市规划师等都是设计师，同样农民、工人及广大的劳动者也是设计师，因为他们也都或多或少从事着塑造与改变我们日常体验的物质环境，以满足生产与生活，甚至包括审美的欲望。Rudofsky[6]在其著名的《没有建筑师的建筑》一书中强调了设计本身就是生活过程的物化，是人们为生存或生活对自然及社会环境的适应和协调的方式，它向我们揭示了没有设计师的设计是动人而充满含意的。不仅农业时代或土著文化的景观是如此，文丘里（Venturi）以及杰克逊（Jackson）告诉我们，拉斯韦加斯及美国到处可见的商业及日常生活景观同样值得职业设计师去学习[9]。良好的景观不是职业设计师的凭空创造，它们经历时间而发展，随着历史与人的活动的含义的积淀而成熟。所以，"一个良好环境是它们的使用者的直接产物，或者是最懂得使用者需求和价值专业的设计师的作品"[4]。

从这些意义上讲，创造良好而富有含意的环境的上策是保留过去的遗留。作为一个有近半个世纪历史的旧船厂遗址，过去留下的东西很多：从自然元素上讲，场地上有水体，有许多古榕树和发育良好的地带性植物群落，以及与之互相适应的生境和土壤条件。从人文元素上讲，场地上有多个不同时代的船坞、厂房、水塔、烟囱、龙门吊、铁轨、变压器及各种机器，甚至水边的护岸，厂房墙壁上的"抓革命，促生产"的语录。正是这些"东西"渲染了场所的氛围。

公园设计组对所有这些"东西"，以及整个场地，都逐一进行测量，编号和拍摄，研究其保留的可能性：

（1）自然系统和元素的保留：水体和部分驳岸都基本保留原来形式，全部古树都保留在场地中。为了保留江边十多株古榕，同时要满足水利防洪对过水断面的要求，而开设支渠，形成榕树岛。

（2）构筑物的保留：两个分别反映不同时代的钢结构和水泥框架船坞被原地保留。一个红砖烟囱和两个水塔，也就地保留，并结合在场地设计之中。

（3）机器的保留：大型的龙门吊和变压器，许多机器被结合在场地设计之中，成为丰富场所体验的重要景观元素。

2.4.2 设计途径之二：再利用

原有场地的"设计"毕竟只反映过去人的工作和生活，以及当时的审美和价值取向，从艺术性来讲，与现代人的欲望和功能需求有一定距离，还需加以提炼。所以，有必要对原有形式和场地进行改变或修饰。通过增与减的设计，在原有"设计"基础上产生新的形式，其目的是能更艺术化地再现原址的生活和工作情景，更戏剧化地讲述场地的故事，和更诗化地揭示场所的精神。同时，更充分地满足现代人的需求和欲望。岐江公园中几个典型的加法和减法设计包括：

（1）船坞

在保留的钢架船坞中抽屉式插入了游船码头和公共服务设施，使旧结构作为荫棚和历史纪念物而存在。新旧结构同时存在，承担各自不同的功能，形式的对比是过去与现代的对白。

（2）琥珀水塔

想像着数十万年前的一只昆虫停歇于树枝之上，其貌不扬，不经意间从头顶落下一滴汁液，便永恒地将其凝固，而成为琥珀，成为贵妇们的珍藏。一座上世纪 50～60 年的水塔，再普通不过，无论从历史和美学角度都不值得珍惜，但当它被罩进一个泛着现代科技灵光的玻璃盒后，却有了别样的价值。时间被凝固，历史有了凭据，故事从此衍生。同时，岛上的灯光水塔，又起到引航的功能。因此，经过加法设计的水塔，有了新的功能。仔细的造访者还会注意到这一琥珀塔的生态与环境意义，其顶部的发光体利用太阳能，将地下的冷风抽出，以降低玻璃盒内的温度，而空气的流动又带动了两侧的时钟运动。

（3）铁轨

工业革命以蒸汽机和铁轨的出现为标志。铁轨也是造船厂最具标志性的景观元素之一。新船下水，旧船上岸，都借助于铁轨的帮助。铁轨使机器的运动得以在最小阻力下进行，却为步行者提出了挑战。而正是在迎对这种挑战的过程中，人们找到了乐趣：一种跨越的乐趣，一种寻求挑战和不平衡感的乐趣。这种乐趣也正反映了人性之所在。

（4）烟囱与龙门吊

一组超现实的脚手架和挥汗如雨的工人雕塑被结合到保留的烟囱之场景之中，戏剧化了当时发生的故事，龙门吊的场景处理也与此相同。富有意义的是，脚手架与工人的雕塑也正是公园建设过程场景的凝固。

（5）机器及肢体

除了大量机器经艺术和工艺修饰而被完整地保留外，大部分机器都选取部分机体保留，并结合在一定的场景之中。一方面是为了儿童的安全考虑，另一方面则试图使其更具有经提炼和抽象后的艺术效果。

2.4.3 设计途径之三：再生设计

为了能更强烈地表达设计者关于场所精神的体验，以及更诗化地讲述关于场地的故事，同时能满足现代人的使用功能，设计师需要创造新的、现代的语言和新的形式再现场所精神，从而可称之为再生的设计。其中主要体现设计师关于场所精神的理解，并将这种理解传达给造访者。通过设计，实现物质与精神的再生，体现在：

a. 材料的再生：包括大量乡土野草的使用，钢材的使用。

b. 形式语言的再生：包括工业设计中的直线、方形、米字结构和重复的秩序。

c. 空间的再生：为现代人的日常活动和生理及心理再生提供空间。

d. 精神的再生：最终通过上述三种再生设计，讲述故事，深刻城市的记忆，回味人生的体验，创造时代精神。

在本项目中，设计师审慎地作了一些再生设计的尝试，具体包括：

（1）骨骼水塔

不同于琥珀水塔的加法，场地中的另一个水塔则采用了再生的设计手法：构思是剥去其水塔的水泥外衣，展示给人们的是曾经彻底改变城市景观的基本结构——线性的钢筋和将其固定的节点，它告诉人们，无论工业化的城市多么丑陋，抑或多么美丽动人，其基本结构是一样的。正如世界上的男人、女人，高贵者和低贱者一样，最终归于一副白骨。这一设计是对工业建筑的戏剧化的再现，从而试图更强烈地传达关于本场所的体验。事实上，因施工过程中发现该水塔原结构安全问题，不能完全按设计构思处理旧水塔，最终作品为按原大小重新用钢材设计制作。

（2）直线路网

这种新的形式彻底抛弃了传统中国园林的形式章法以及西方形式美的原则，表达了对大工业，特别是发生在这块土地上的大工业的理解：无情的切割、简单的两点之间最近原理、普遍的牛顿力学、不折不扣的流水线和最基本的经济学原理。同时，这一经济与力学原理作用下的直线路网却满足了现代人的高速和快捷的需求和愿望，使新的形式有了新的功能，同时传达了场地上旧有的精神。

（3）红色记忆（装置）

用什么形式能装下这块场地上、那段时间里曾经发生的故事？又能用什么形式来传达设计者在这块土地上的感受？一个红色的盒子，含着一潭清水。用它的一角正对着入口，任两条笔直的道路直插而过，如锋利的刀剪，无情地将一个完整的盒子剪破。其中一条指向"琥珀水塔"，另一条指向"骨骼水塔"。盒子外配植白茅——当地最野的草，渲染着洪荒与历史的气氛，两株高大的英雄树——木棉，则高唱着英雄主义的赞歌。

（4）绿房子

模数化的工业产品和设计，被用于户外房子的设计时，却产生了新的功能，绿房子——一些由树篱组成的5米×5米模数化的方格网，它们与直线的路网相穿插，树篱高近3米，与当时的普通职工宿舍房子相仿。围合的树篱，加上头顶的蓝天和脚下的绿茵，为一对对寻求私密空间的人们提供了不被人看到的场所。但由于一些直线非交通性路网的穿越，又使巡视者可以一目了然，从而避免不安全的隐蔽空间。这些方格绿网在切割直线道路后，增强了空间的进深感，与中国传统园林的障景法异曲同工。

（5）语言与格式

从场地现状中寻找设计语言与格式。公园中的一些必要的景观、休息场所、桥、户外灯具、栏杆甚至铺地等都试图用新的语言来设计新的形式，其语言都更多地来源于对原场地的体验和感悟，目的都是在传达对场所精神显现的同时满足现代功能的需要，包括：铁栅涌泉、湖心亭、白色柱阵，不锈钢铺地，方石雾泉及栏杆之类。

（6）野草

大量使用野草是本公园种植设计的一大特色，通过繁茂的乡土野草与精致的人工环境相对比，旨在营造场所的历史与生态氛围，传达一种关于自然与生态的美学观和伦理：自然与生态是美的，但并不总是美的，设计使之变美。万紫千红的园艺花卉是美的，但野草同样可以是很美的。

2.4.4　几点遗憾

同建筑一样，景观设计是一种遗憾的艺术，本项目留有许多遗憾：这些遗憾包括废旧利用不够充分。设计之初，企图能利用原厂房和宿舍的所有红砖、灰砖，以作为铺地，一些拆下的木柱和椽能再利用作为环境小品或设施构筑物，旧有丰富的生态环境能完全保留，但最终都因工期和施工过程的不方便而放弃。骨骼水塔和基于厂棚的茶舍，原设计都试图在旧有构筑物上进行改造，但施工过程中都因担心安全问题，而不得不重新建造，使原有结构没能充分利用，从而只有形似，而失去了更为深刻的环境与旧建筑再利用的含义。另外，为了迎合大众的审美需要，设计者不得不加入一些现在看来有些过分的景观元素，如曲线的拉膜钢廊。这些遗憾都只能作为教训，在别的项目中弥补。

2.5　理解公园:溶解的公园

任何事物都有其发生、发展和消亡的过程,公园也是如此。作为大工业时代的产物,公园从发生来讲有两个源头,一个是贵族私家花园的公众化,即所谓的公共花园,这就使公园仍带有花园的特质。公园的另一个源头源于社区或村镇的公共场地,特别是教堂前的开放草地。自从1858年纽约开始建立中央公园以后,全美各大城市都建立了各自的中央公园,形成了公园运动[5]。作为对工业时代拥挤城市的一种被动的反应,城市公园曾一度在西方国家成为一个特别的旅游观光点和节假日休闲地,那是需要全家或携友人长途跋涉花上一天时间,作为一项特殊活动来安排的。

作为游逛场所的"公园"概念,至今普遍存在于中国各大城市的公园设计、建设与管理中。在城市用地规划中,公园作为一种特殊用地,如同其他性质的用地一样,被划出方块孤立存在,有明确的红线范围。设计者则挖空心思,力图设计奇景、异景,建设部门则花巨资引种奇花异木、假山、楼台,甚至各种娱乐器械,以此来吸引造访者。而公园的管理部门则以卖门票为生,以维持一大批公园管理者的生计,并称此为"以园养园"。这实际上是对公园性质的误解,把公园同娱乐场所,主题公园和旅游点混为一谈。

在现代城市中,公园应是居民日常生产与生活环境的有机组成部分,随着城市的更新改造和进一步向郊区化扩展,工业化初期的公园形态将被开放的城市绿地所取代。孤立、有边界的公园正在溶解,而成为城市内各种性质用地之间以及内部的基质,并以简洁、生态化和开放的绿地形态,渗透到居住区、办公园区、产业园区内,并与城郊自然景观基质相融合。这意味着城市公园在地块划分时不再是一个孤立的绿色块,而是弥漫于整个城市用地中的绿色液体[16]。

基于这样的理念,岐江公园设计一开始便提出不设围墙,不收门票的思路。让城市的功能延续到公园中来,让公园渗透到城市中去,同时将公园作为区域生态基础设施的一个组成部分。这一理念集中体现在以下几个方面:

(1)在公园的南北功能分区上,南区结合南部居民区的城市功能,定位为生态休闲和康体活动场所,在形式上以大面积疏林草地景观为主;北区则结合城市广场和文化及商业功能,定位为旅游及娱乐、历史与环境教育功能,在形式上有许多硬质铺装和娱乐性景观设计,使公园成为现有城市功能体的有机部分和补充。

(2)通过将厂房和船坞改造为餐厅、俱乐部、艺术馆等,将城市的功能引入公园。除了使公园本身有一定的经济效益外,还可以大大提高周边地区的土地价值(实际证明是非常有效的,由于本公园的建成,周边地价提高了3倍以上)。

(3)在主要出入口、路网和铺地等处理上,公园延续了城市的肌理。特别是北部入口广场,起到了城市与公园的过渡作用。

(4)让内湖与石岐河相联通,并通过湖岸的生态化和人性化处理,令人感受和适应潮水的涨落,使公园成为大地肌体与过程同人相互交流的一个界面。

2.6　理解人性:关于铁轨、绿盒子、红盒子及其他

小时候在离家不远处有条铁轨,穿越时总有惊恐之感,过后便又感到无比快乐,所以往往回过头来再过一次。这是一种危险

的游戏,但经过观察后发现人人都喜欢这种对危险和障碍的挑战。本场地中原有许多铁轨,供船上下水时用,将其作为公园景观元素的想法便由此而来。穿越铁轨时的快感,在这里变为一种没有危险的游戏,使冒险、挑战和寻求平衡感的天性得以袒露。

如同玩铁轨一样,玩水也是人人酷爱的危险游戏。唯其危险,大江南北的湖河,公园里的水体往往被隔以栏杆。本设计中通过亲水栈桥和平地涌泉,给人以充分近水的机会。

如果说中国古典园林中的曲径通幽反映了人性的一面,因此有了"园无直路"之说,那么,平坦的直线路网可以体现人性的另一面。有了这样的直线,草坪上就可少一些"请勿践踏"的警告和栏杆。小时候犯禁斜穿庄稼地的体验,至今使我觉得路应该让人走得畅快。岐江公园中的直线路网正是为了这种畅快,让扭曲了几千年的人性在两点最近的标尺下伸展。

有人说生命是游戏[7],这种游戏源于人类的两种本能 生存与繁殖。人类的生存本能可以追溯到距今两千五百万年至几万年前的"猎人-猎物"的经验[1,15],儿童之间的捉迷藏是这种游戏的延续。城市男女之间的恋爱、看与被看的游戏也有同样的解释。它们构成了人性的基本层面。

而我们的城市太缺乏可以供人游戏的景观和空间了,所以,常常看到电线杆后面狂吻的恋人,广告牌底下露出的双腿。所以想到,岐江公园中应该有一些绿房子,一些安全而又可庇护的空间。庇护,因为它们有由垂叶榕构成的绿墙,四壁围合;安全,是因为有直线的方格路网穿越其间,可以让保安人员方便地巡视。登上保留的龙门吊,可以看到每个绿房子中有一对恋人。生命的游戏因此有了理想的场所。

与绿盒子相同而又不同的是红盒子。尽管它的产生源于一时的感觉,但可以隐约追溯的而被称之为源头的是原场所

的直觉体验,以及由此而唤醒的人生回味:墙上那斑驳的领袖画像、柱子上残留的最高指示、"安全生产""节约用电""危险"的红色告示、曾经是食堂的大房间、车间中整齐的机器和传送带、简单的大方桌及围在一起的板凳、铁轨和厂房中柱子所构成的纵深感……。所有这些东西构成了场地的氛围,唤起儿时最早的记忆:夜幕下被赶到小学的操场之中,与村中被称为地富反坏的大人们一起,后来得知此时家中被抄,然后是和姐姐一起剪红色的"忠"字,满目红色的旗子、红色袖章……。最令人难忘的是在一次又一次的期盼而一次又一次的失望之后,终于有一天中午,作为全班最后一名学生被戴上红领巾的那一刻,看到胸前那南方耀目阳光下的鲜红色,激动不已,心潮澎湃,热血沸腾……。所有这些"东西"最终被一个简单得不能再简单的红盒子来装盛,希望每个穿越它的人都能通过他(她)最基本的心理能力感受其中的一点东西。事实证明,红盒子(红色装置)的这种期待得到了满足。无论是戴红领巾的少年,热恋中的男女,孤独的失意者,曾经战斗于斯的老人,似乎都在穿越盒子的瞬间而有所感悟。在这里,人性被解释为最基本的动物性,那种可以被色彩和空间感觉所调动的反应。

岐江公园,珍惜足下的文化,平常的文化,因为平常而将逝去的文化;追求时间的美,工业之美,野草之美,以及人性之真。这些含义都试图通过一种新的形式来表达。这些形式与传统中国园林或西方古典景观设计很不同,而更多地吸取了现代西方景观设计特别是城市更新和生态恢复的手法,但岐江公园有其自己的个性,而且是一种尝试过程中的个性,因而许多方面并不成熟。唯其个性,必然会有争议,唯其不成熟,需要批评。

参考文献

1 Appleton, J. 1975. The Experience of Landscape. John Wiley, Chichester.

2 Brown, B., 2001, Reconstructing the Ruhrgebiet, Landscape Architecture, 4:66—75.

3 Jackson, J. B. 1984. Discovering the Vernacular Landscape. Yale University Press, New Haven, MA.

4 Lynch, K. 1974. Urban design. In: T. Banerjee and M. Southworth (Eds.), City Sense and City Design. 1990, The MIT Press.

5 Pregill, Philip and Volkman, Nancy, 1993. Landscape in History. Van Nostrand Reinhold. New York.

6 Rudofsky, Bernard, 1964, Architecture without Architects. University of New Mexico Press.

7 Sigmund, K.1993. Games of Life: Explorations in Ecology, Evolution, and Behavior. Oxford University Press.

8 van der Ryn, Sim and Cowan, Stuart, 1996. Ecological Design, Island Press Washington, D.C.

9 Venturi, R., Brown, D. S. and Izenour, S. 1972. Learning From Las Vegas. The MIT Press, Cambridge, MA.

10 露易, 2001, 历史建筑的再生, 时代建筑, 4: 14~17

11 王建国, 2001, 城市产业类历史建筑及地段的改造再利用, 世界建筑, 6: 17—22

12 王建国、戎俊强 2001, 关于产业类历史建筑和地段的保护性再利用, 时代建筑 4: 10~13

13 俞孔坚 胡海波 李健宏, 2002, 水位多变情况下的亲水生态护岸设计——中山岐江公园案例, 中国园林, 1: 31, 37—38

14 俞孔坚 李迪华 潮洛蒙, 2001, 城市生态基础设施建设的十大景观战略. 规划师, 6: 9—13, 17

15 俞孔坚, 1998 理想景观探源: 风水与理想景观的文化意义。北京商务印书馆

16 俞孔坚, 2001 足下的文化与野草之美中山岐江公园设计, 新建筑, 5: 17—20

17 俞孔坚 庞伟, 2002, 理解设计: 中山岐江公园工业旧址再利用, 建筑学报, 8: 47—52

18 胡异, 2002, 时间和人的舞台, 建筑学报, 8: 53—56

足下文化与野草之美　The Culture Being Ignored and The Beauty of Weeds

Chapter I Description of the Design

1.1 The Site

Zhongshan Shipyard Park , 11 hectares, located at the Zhongshan City, Guangdong Province. It was a shipyard called Yuezhong Shipyard, which was established at 1953 and went bankrupt in 1999. At the east of the site is Shiqihe River. The site contain a lake, a lot of old banyan trees, abundant wrecks of dock and factories and abundant machineries.

1.2 Project Purpose

 The local government required this park should meet the following requirements:

(1) To improve the landscape of the downtown area.

(2) To increase opportunities for recreation.

(3) To provide a site for environmental and historical education.

(4) To become a tourist attraction.

1.3 The Philosophy and Intents of The Design:

Landscape design is a process that visualizes the meanings of the site through preserving and modifying the existing forms, and, if necessary, creating new forms. These meanings are functional, cultural historical, and ecological.

The intentions of the design of this park is therefore to express:

(1)What are the functions of a park: it is part of the urban texture but not a separate piece of land use enclosed within a boundary, and it should function as a open space for the daily experience of the citizens as well as a special experience for the visitors.

(2)What is culture and history: the history of the past fifty years, and the socialist industrial culture of the 1950s and 1960s or 1970s by the common people, may be as precious as that of the thousands years' history and the Chinese traditional culture. The rusted thus been abandoned, the common thus been ignored, are to be valued. The story of unbelievable experience of the cultural revolution and socialist industrial movement were told.

(3)What is nature and its beauty: the flowering magnolia and roses are beautiful, so is weeds. This park want to let people know that wild native grasses and weeds that farmers want to get rid of their fields, can be more beautiful than the cultivated roses and peony.

(4)What is design: the park expressed the meanings of design itself: preserving, modifying existing old forms, as well as creating new forms.

1.4 The Role of the Landscape Architects

All through the whole process of design and construction of this park, landscape architects play the leading roles. At the suggestion of the landscape architects, the site was protected before the design was approved, and even the existing old machines on site were numbered and selected to be reserved.

1.5 Special Factors

This park was the first in China to be built with industrial theme. In comparison with Richard Hagg's Gas Work Park in the USA and Peter Latz's Landscape Park at Duisburg-Nord in Germany, The following aspects of this project make it unique and unusual:

1.5.1 The Unique History: Small Site with Big Stories

The shipyard was built in 1950s with about 200 workers, flourished in 1980s with a work force of about 1500,and went bankrupted in 1999. Though small in scale, it used to be the most honorable place to work in the small city of Zhongshan. It has experienced the remarkable 50 years' history of socialist China: the socialist commune movement and the iron and steel industrial campaign of the 1950s, the cultural revolution of the 1960s, the struggle against Confucius of the 1970s, the Fight Against the Vietnam and the Opening Up and Reform of the 1980s. All these uncommon movements and struggles experienced by the common people, make this site meaningful for those who had experienced, and make this site a space for imagination and a story telling for those who have not experienced this history.

1.5.2 The Challenging Site and Solutions

Fluctuation water level, tree protecting and design with machines: a small former shipyard located in South China, with existing lake of fluctuating water level, existing trees and vegetation, wreckages of docks, cranes, rails, water towers and all kinds of machines. These sites challenge the design in three aspects;

(1)Fluctuating water level and accessibility

Design a lake shore that are accessible for people, ecologically healthy and visually beautiful. The existing lake is connected through the Shiqihe River to the sea, water fluctuates in 1.1meter difference. To meet this challenge, the design uses a network of bridges at various elevations, and integrated with a terraced planting beds so that native weeds from salt march are grown, and visitor perceive the breath of the ocean, and accessible to the water.

(2) Flood control and old tree preservation

To meet the need of river width for flood control yet protecting the old banyan trees along the river bank: The Water Management Bureau required the river corridor at the east side of the site to be expanded to meet the requirement of flow, from 60 meters to 80 meters. This mean that the old banyan trees must be cut in order to widen the river channel. Our approach is to dig a parallel ditch of 20 meters on the other side of the tree and made an islands so that the old trees were preserved.

(3)Design approaches in dealing with the industrial site with abundant rusted wrecks and machineries

Rust docks and machines yet nothing gigantic and unusual as gas works and steel factory. This fact challenged the designer in that if the merely preserving and ecological restoration approaches were taken, they may not be interesting and welcomed by the local people. Three approaches are taken to artistically and ecologically dramatize the spirits of the site:

First, preservation, the existing water features, the mature native habitats and old trees, the meaningful cultural elements were carefully studied, preserved and integrated into the new design.

Secondly, reuse, the old structures and machineries on the site, such as the docks, water towers, cranes, rails and even architectural materials from the old structures were reused or modified for the new functions.

Thirdly, recycle, to digest the existing forms, materials and genius loci to re-create new forms for new functions and for visualizing and strengthening the meanings of the site. The new forms include a network of straight paths, the green boxes, the red box, the new pavilion, white columns, fountains in rusted steel framework, bridges, pavement using steel plate, and last but not least plants characterized with native grasses (weeds) that dramatize the spirits of the site in an artistic way.

1.6 Some Emphases of The Design

(1)Quality of Design

From the preserving of the vegetation along the old lake shore, the protection of old banyan trees along the river side, the reuse of rails, the decoration of water towers and the placing and reuse of the machines; the creation of red box and green boxes, and even the fences and light column are carefully designed to fulfill the intention set forth at the beginning.

(2)Functionalism

From the network of paths that link exits and places, the reuses of docks for tea houses and club houses, the accessible terraces planted with native plants, and the light tower made from existing water tower, the paving under trees for shadow boxing, etc, functions are firstly placed.

(3)Relationship to context

The park was dissolved into the urban fabric through the paths that goes between two points, urban facilities were extended into the park such as the docks are reused for tea houses (the local people are used to drink tea in tea houses). The lake was connected to the river and to the sea and it fluctuates with the ocean tides.

(4)Environmental responsibility

The three principles of reduce, reuse and recycle of the natural and man-made materials are well followed in this project.

Vegetation, soil and natural habitats of the existing site were preserved, old tree were preserved on site, only native plants were used in the park. Machines, docks and other structures were reused for the educational, aesthetic and functional uses.

This park is a public place. It is environmentall friendly, educational, and full of cultural and historical meanings. It calls people to pay attention to the culture and history that had not yet been considered as formal and "traditional", which is about the ordinary people, and calls for the environment ethics that weeds are beautiful.

Chapter II Some Numbers

Total area: about 110,000 sq. meters

Water are:　　　36255 sq. meters,　　accounts for 35%

Inner lake:　　　23494 sq. meters

Water channel: 7373 sq. meters

Man made stream:5389 sq. meters

Land area: 66725 sq. meters,　accounts for 65%

Paved area:12518 sq. meters

Path and road: 8674 sq. meters

Buildings:3393 sq. meters (coverage):5782 sq. meters(architectural area)

Design period: May, 1999-May, 2001;

Construction completed (mostly): May, 2001

Chapter 3 The Illustrations

第三部分　　　图　　解

3.1 场地挑战与对策：变化的水位与栈桥式湖岸

Site challenges and strategies：fluctuating water level and terraced bridge lake shore

内湖水面与石岐河相联通，受海潮影响，水位日变化达1.1米，低水位时，湖岸裸露，水际可达性差。水位下降时，湖边淤泥出露，人也难以亲近。设计师面临的挑战是如何在一个水位多变，地质结构很不稳定的情况下，设计一个植被葱郁的生态化的水陆边界，并使人能恒常地与水亲近，使水－生物－人得以在一个边缘生态环境中相融共生。同时，这个生态设计必须是美的，只有美的生态，才能唤起使用者的认同。面对以上问题，除了解决工程上的固土护岸问题外，本设计提出了三个基本目标：即亲水、生态和优美。解决之道：栈桥式亲水生态湖岸

Fluctuating water level and accessibility：Design a lake shore that is accessible for people，ecologically healthy and visually beautiful．The existing lake is connected through the Shiqihe River to the sea，water fluctuates in 1.1m difference daily．To meet this challenge，the design uses a network of bridges at various elevations，and integrated them with a ter—raced planting beds so that native weeds from salt march are grown，and visitors can perceive the breath of the ocean，and are able to touch the water．

栈桥式湖岸：使人在不同水位条件下，可以恒常地与水亲近，并可形成生物多样性很高的水际群落，人可近距离欣赏水际生态群落：草叶上的蜻蜓，草筋上的田螺卵块和栈桥上的游鱼，是对生物多样性的最好说明。这是一种生态之美：在一个设计的背景下，杂草可以是美的。

The ecological and accessible lake shore to meet the challenge of fluctuating water levels（1. 1 meters in difference）；the slides show the lake shore in various water levels，and rich in biodiversity．

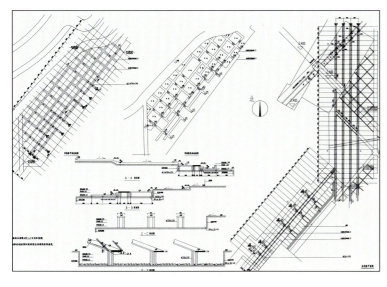

The Culture Being Ignored and The Beauty of Weeds

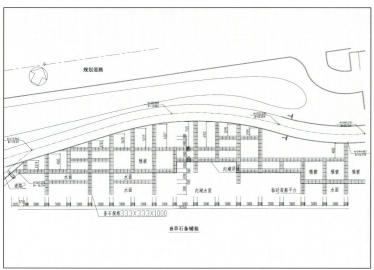

条石规格333X333X1000

牧草石条铺装

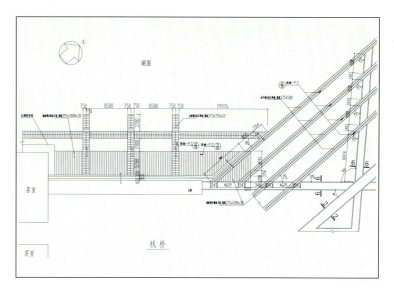

湖面

栈桥

茶室

茶室

规划道路

栈桥式湖岸成为水－植物－人相融的界面
The terraced bridges become a meeting place of water, plants and people

　　高水位：栈桥被淹没，水生植物探出了柔和的头部，使湖岸变得格外生动，自然却决不荒野，规整却决不僵硬。游动的鱼爬上了石阶，蜻蜓和田螺共唱一曲生物多样性的歌。

The lake shore at an higher water level.

中水位：随着水位的上涨，水体沿着高低栈桥间的阶梯爬上岸来，栈桥和两侧的水草慢慢沉入水中。最底层栈桥半没于水下，若隐若现，小鱼也游上了桥面。

The lake shore at a middle water level.

低水位：栈桥式湖岸设计即使在低水位状态下，仍然具有良好的亲水性，多种水生、湿生和中生植物在适宜的生境下生长，方格网栈桥将人导入水际和一个丰富的边缘生态群落。层层跌落的栈桥，随着水位的退却而慢慢浮露水面，平整的浅灰色花岗石桥面如出浴之肌肤，饱含着色泽，两侧是高挺的水草，垂直与水平线条形成强烈的对比。

The lake shore at a lower water level

旧址与建成后的湖岸对比
A comparison between the existing lake
shore and the new design

水中的挺水植物与远处的高杆茅草和保留的旧码头与船坞渲染着历史的气氛。

The grasses at the water edge and the preserved docks together create an historical atmosphere

将缓坡草地延伸入湖中是另一种水际护岸尝
试，水草在水陆过渡带生长。

The another approach to water edge is to let
the gentle slope extend into the water and water
standing grasses to grow at the edge.

3.2 场地挑战及对策：古树保护、防洪与挖渠成岛

Site challenges and strategies：old tree preservation，flood control and the making of an island。

场地内有许多古榕，集中分布在石岐河沿岸，是原场地最动人的风景线。与此同时，水利部门根据防洪要求提出拓宽过水断面达20米。于是就有场地对设计提出的第二大挑战：如何在满足过洪断面的同时，保护原有古榕，使之成为新公园的有机部分。

解决之道：开渠成岛：根据河流动力学，开挖出内河，满足过洪断面要求，使原江岸上的古榕和水塔形成岛屿，保住了几十年的自然遗产，同时在空间上形成了另一个层次，丰富了公园的景观。岛上的灯光水塔因此也成为航标灯塔。

To meet the need of river width for flood control yet protecting the old banyan trees along the river bank：The Water Management Bureau required the river corridor at the east side of the site to be expanded to meet the requirement of flow，from 60 meters to 80 meters．This means that the old banyan trees must be cut in order to widen the river channel．The design ap—proach is to dig a parallel ditch of 20 meters on the other side of the tree and make an island so that the old trees were preserved．

保护古树，挖渠成岛，满足防
洪过水要求

The making of an island to
meet the flood control requinement

榕树岛
The banyan tree island

3.3 产业构筑物及用地再利用方法：保留、再利用和再生设计

Regenerative design for industrial structures and site：preserve、reuse and recycle

作为一个有近半个世纪历史的旧船厂遗址，留下的东西很多：包括水体，大树和良好的地带性植物群落，不同时代的船坞、厂房、水塔、烟囱、龙门吊、铁轨、各种机器、水边的护岸，设计者首先对所有这些"东西"以及整个场地，都逐一进行测量、编号和拍摄，研究其保留和改造的可能性。同时，为了能更强烈地表达设计者关于场所精神的体验，满足现代人的使用功能，而创造新的形式。

Water features，old trees，mature native communities and valuable given natural characteristic of the site were whorthy preservation on the site．Aged lake shore，rust docks and machines are aboundant yet nothing gigantic and unusual as gas works and steel factory．This fact challenged the designers in that if the merely preserving and ecological restoration approaches were taken，they may not be interesting and welcomed by the local people．Three approaches are taken to artisti—cally and ecologically dramatize the spirits of the site：preservation，modification of old forms（reuse）and creation of new forms（recycle）．

保留设计：保留乡土植物群落和生境

Preserved lake shore with well es—tablished native plant communities

保留设计：保留具有历史感的驳岸

Preserved aged lake shore with historical implications

保留原船坞码头
The Preserved bank and docks

改造与再利用：西部船坞

利用方案之一，作为游船码头和游艇俱乐部

One alternative of reuse concept for the docks

as boating service facilities

水上俱乐部平面图

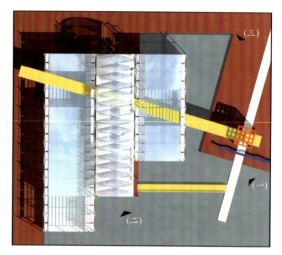

水上俱乐部效果图一

水上俱乐部鸟瞰图

将船坞改造成游艇会所
Turn the dock into a club house

水上俱乐部效果图

顶视效果图
Top view

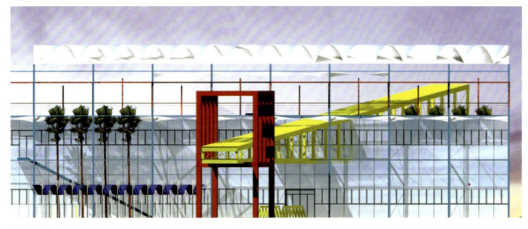

东立面效果图
East facade

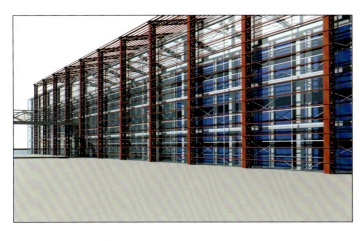

船坞一侧透视效果图
A perspective of a dock

两船坞间透视效果图
A perspective in between two docks

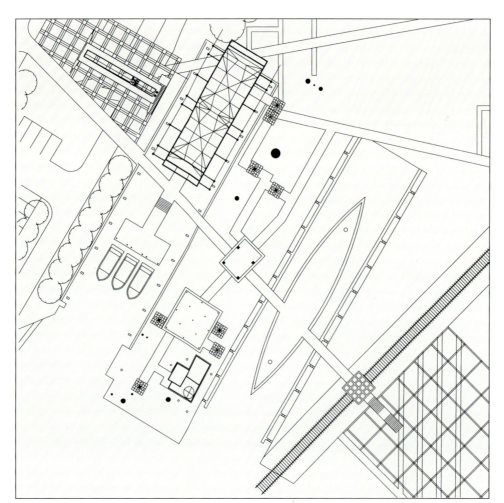

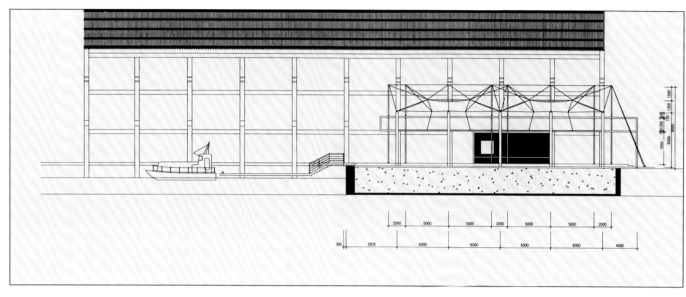

游艇码头东立面
East section

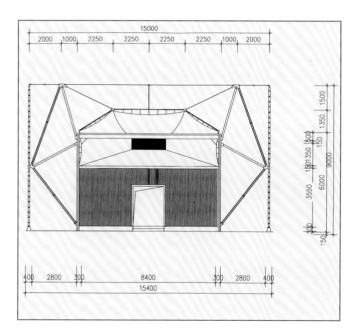

码头建筑北立面图
North section

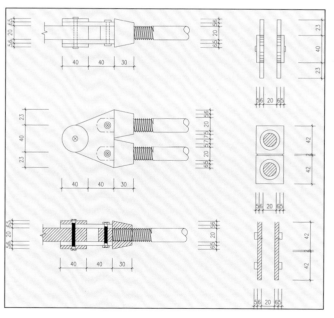

膜悬吊系统专用加工钢构件
Some critical nodes

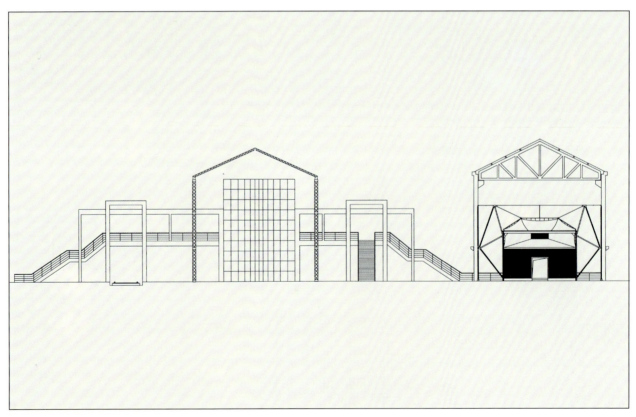

北立面
North section of the two docks

西船坞改造细部
The detail of reused docks

西船坞内龙门吊的再利用
The reuse of crane in the west docks

西船坞内部的再利用
The reuse of dock for men´s room

西船坞结构的再利用
The reuse of dock's structures

改造后的西船坞细部
The details of a reused west dock

改造与再利用：东部船坞

The reuse concept for the east docks as a tea house

主题茶座鸟瞰图

The perspective for the theme tea house

主题茶座局部透视图

On perspective of the tea house

西立面

主题茶座

北立面

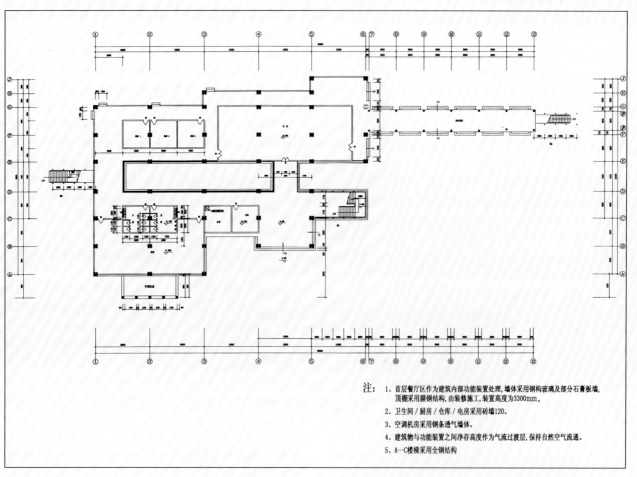

注： 1、首层餐厅区作为建筑内部功能装置处理,墙体采用钢构玻璃及部分石膏板墙,
顶棚采用膜钢结构,由装修施工,装置高度为3300mm。
2、卫生间／厨房／仓库／电房采用砖墙120。
3、空调机房采用钢条透气墙体。
4、建筑物与功能装置之间净存高度作为气流过渡层,保持自然空气流通。
5、A—C楼梯采用全钢结构。

首层平面图
The floor plan

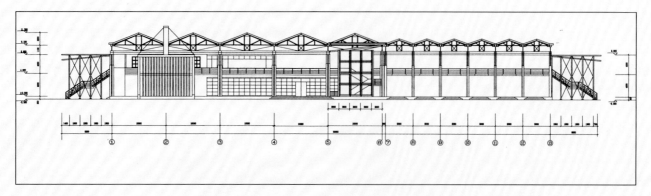

⑬－①轴立面图
The cross section

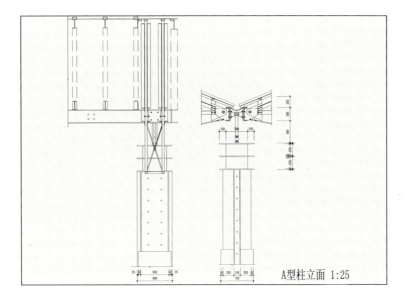

A型柱立面 1:25

关键节点设计
Design detail of a node

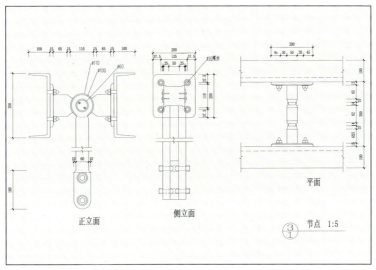

正立面　　　　侧立面　　　　平面

节点 1:5

东船坞改造成茶楼(后作为艺术馆使用)
The reuse of east dock for a tea house(now adapted as an art museum)

足下文化与野草之美

The Culture Being Ignored and The Beauty of Weeds

改造与再利用：琥珀水塔

　　江边水塔的再利用方案，使其成为导航灯塔，又如同古世纪的昆虫，不经意间被凝固在绚丽的琥珀之中，旧厂区堤岸的寻常水塔与她新科技的玻璃外衣，共同包裹住时间。时间不是困兽，时间只是拉住旧水塔和她玻璃新衣的柔和的手，如同岐江潋滟的水波。入夜，灯塔照耀岐江和城市，也照亮自己内部，那黑洞洞的过往时间。

　　The "amber tower"：one of the two existing water towers reused and modified as a light tower by the river，just like an insect fossilized in an amber，to emphasize the pass of time．

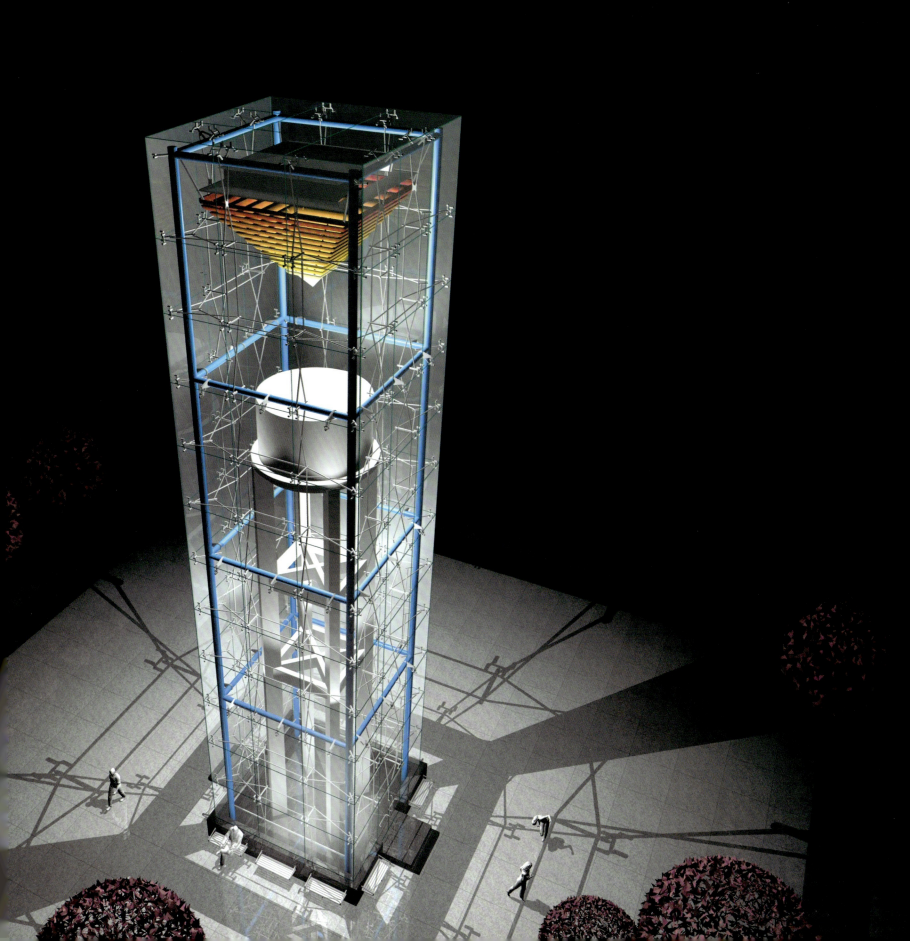

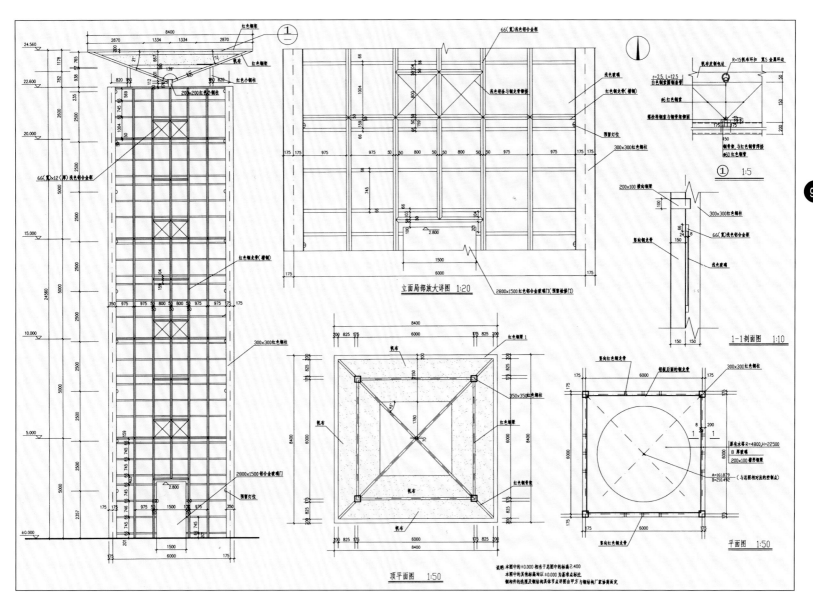

立面图
The sections

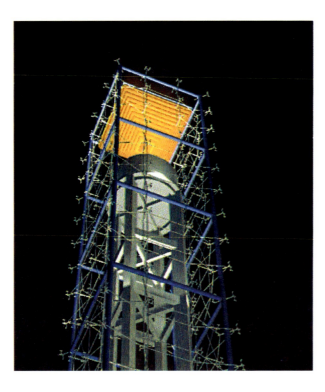

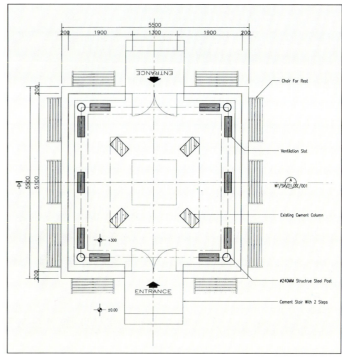

底层平面
The ground floor

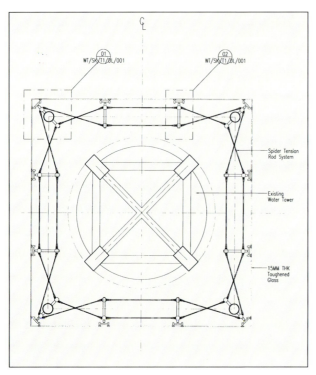

标准层平面
Typical floor

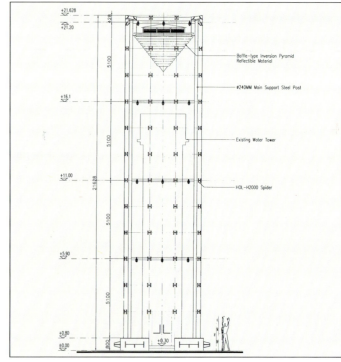

正立面
The fron section

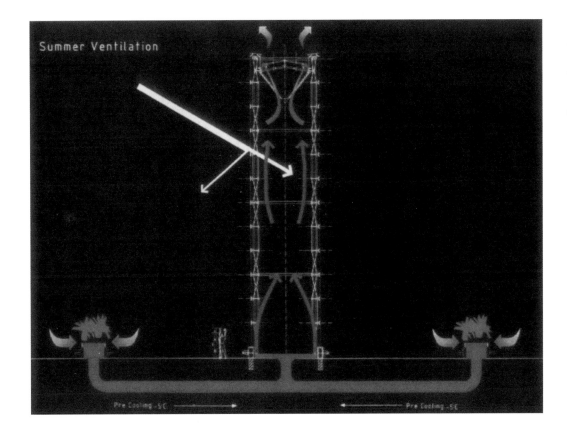

Summer Ventilation

琥珀灯塔的生态原理：阳光将玻璃内的空气加热，上升并从顶部排出，从地下将冷空气吸入，并由此带动两侧的时钟。

The air flows that drives the clocks outside the amber tower.

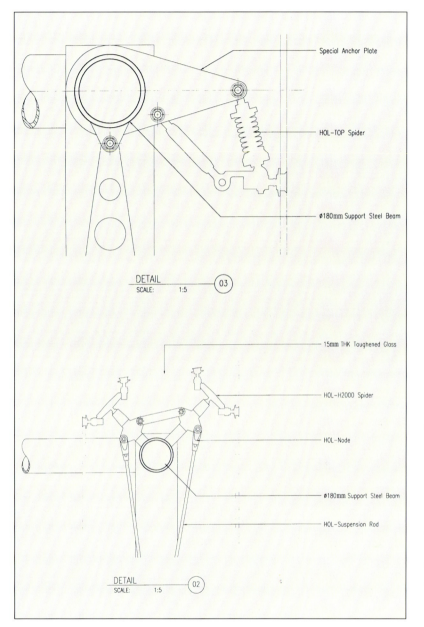

Special Anchor Plate

HOL-TOP Spider

ø180mm Support Steel Beam

DETAIL
SCALE: 1:5   03

15mm THK Toughened Glass

HOL-H2000 Spider

HOL-Node

ø180mm Support Steel Beam

HOL-Suspension Rod

DETAIL
SCALE: 1:5   02

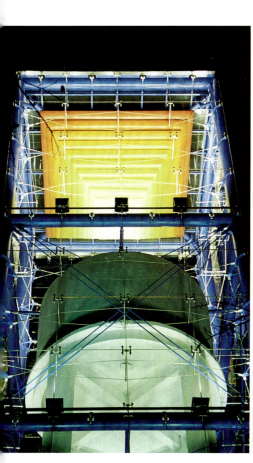

足下文化与野草之美

再生设计：裸钢水塔

剥去水泥外壳，你会发现，工业时代的建筑和构筑物，无论是最简单的水塔还是高楼大厦，都有几乎同样的内部结构。钢筋和水泥的结合带来了建筑史上的一场革命，它使摩天大楼成为可能，同时也使建筑的地域特征消失殆尽。

The "skeleton tower" to show the essence of concrete and steel. The idea is to peel off the cement of the existing water tower and visualize the inside structure, and show the basic make up of our modern cityscapes; knots and lines of steel.

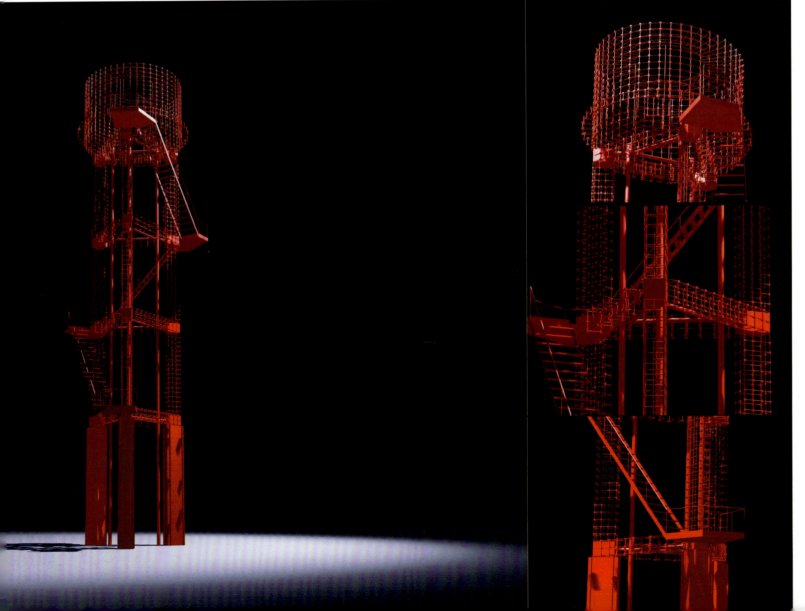

茅草与钢结构的组合，旨在创造工业与历史感

To create an historical and industrial atmosphere
by combining grass and steel structure

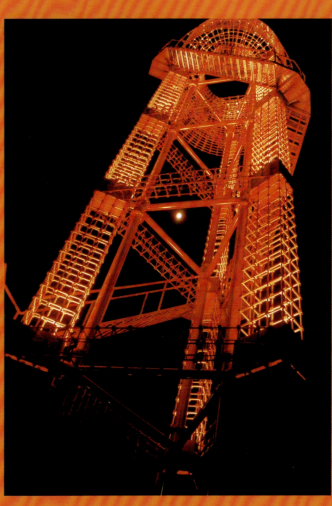

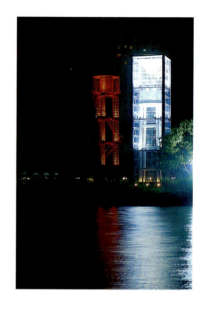

改造与再利用：铁轨

　　铁轨是工业革命的标志性符号，也是造船厂的重要景观元素。新船下水，旧船上岸，都借助于铁轨的帮助。铁轨使机器的运动得以在最少阻力下进行，却为步行者提出了挑战。而正是在迎对这种挑战的过程中，人们找到了乐趣：一种跨越的乐趣，一种寻求挑战和不平衡感的乐趣。用茅草和白卵石强化旧铁轨的历史感和景观视觉冲击，并满足新的功能需要。

The reuse for rails

足下文化与野草之美

The Culture Being Ignored and The Beauty of Weeds

旧有形式并赋予了新的功能
The same structure for different functions

改造与再利用：龙门吊塔

对习惯和即将习惯于计算机键盘的人们来说如此巨大的铁钩显得多么笨拙和不可思议，它们很快就会变成遥远而神秘的故事，就像遥远山村中的石磨和水车，龙门吊塔的设计使几吨和上百吨的重物能同时实现水平和垂直位移。龙门吊由铁轨、吊索、驾驶舱和龙门架四部分组成，是造船厂的重要机具。

The concept for the reuse of existing cranes

中山岐江公园南门设计方案

龙门吊作为南入口的标志
Old crane was reused as the south entrance

龙门吊作为西入口的标志
One crane was reused as the west entrance

改造与再利用：孤囱长影与工人劳动造像

烟囱是工业文明的另一典型符号，场地中原有的烟囱给予保留并结合在设计中，并将清理与装饰过程中搭建的脚手架和劳动者的工作场景本身凝固为新的设计。

The reuse of existing chimney enriched with the working scene when it was cleaned and painted

改造与再利用：机器与拆除的建材

The concept for the reuse of machinery and archi-tectural materials from wreckages

在设计之初，场地中的机器被逐个标号，以便在设计中利用

The machineries are numbered individually in order to be reused in design

　　着了色的机器，白卵石为路基的生锈轨道，既真实而又不真实，沿着白芒夹道的时光隧道，将过去与未来、记忆与预言联系在一起

　　The rusted rails with white pebbles and aligned with tall grasses，the real machine painted with unreal bright color，all these "things" create a path that link the past with the future，the memory with the prophecy

仍在工作的闸桥引机被罩入玻璃
盒内令游客能观察其工作的样子
A working towing machine in a
transparent box that can be observed by
visitors

改造与再利用：铁舫系列

可以统计而又没有统计的是，旧粤中船厂从投产到结束生产了多少只船？曾经，这些船只在珠江和珠江之外的水系，肩负过巨量的人货运载，甚至，在"抗美援越"等历史题目中，也融入过粤中船厂的一份贡献。

The reuse for aged boat

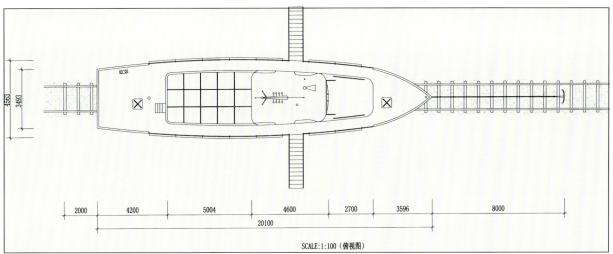

SCALE:1:100（俯视图）

再生设计：野草

场地中原有许多野草，使倒闭的船厂更显破落和荒芜。生态与自然并不总是美的，设计使野草变美。野草所创造的历史感和美感是华丽的牡丹和玫瑰们所不能的。那些被遗弃的和被践踏的不总是卑贱的。

The recycling design；native grasses

The design uses great amount of wild grasses to create an atmosphere of history and nature，calling for the new ethics and new values；take care for the culture that has being ignored and appraise the beauty of weeds．

中山市当地山上的茅草
Grasses in the surrounding mountains of zhongshan

场地中的茅草
Grasses on the site

当最人工的和最野性的相遇的时候
When the man—made meets the wildest

被框围的野草
The framed grasses

刚与柔的和谐

The harmony between hard and soft

让野草渲染着历史
Let grass color the past history

人——因为野草而感动
野草——因为人而美丽
People is inspired by the wild grasses, and the later
is beautiful because of the former

再生设计：直线路网

中国传统园林强调〝园无直路〞，步移景异。古典西方园林强调几何对称，它们都是美的形式。而在这里，你看不到这种古典的美，而是一个看似混乱的直线路网。而正是这个路网，引你体验工业时代切割机的无情，钳机的一丝不苟。随后，它又将你引向21世纪的时代体验：简洁、高效、人性的舒展、个性的张扬。在这混乱的背后，是一个永恒不灭的定律:两点最近距离，真即是美。

Recycling design:A new design of straight path network, a reflection of industrial spirit and a convenient pedestrian system

足下文化与野草之美

The Culture Being Ignored and The Beauty of Weeds

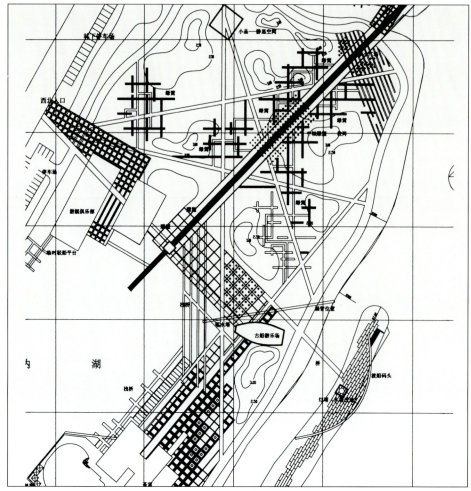

直线路网对景观元素的切割
The straight paths cut through the landscape matrix

穿破红色记忆（盒子）的直线道路
The path that cuts across the red box

切割绿盒子的路网
The paths cut through the matrix of green boxes

江边步道
The path by the Qijian River

直线的栈桥和河边步道
The straight bridge over the inner lake
and paths by the river

足下文化与野草之美 156 The Culture Being Ignored and The Beauty of Weeds

飞跃内湖的直线步桥
The straight bridge across the inner lake

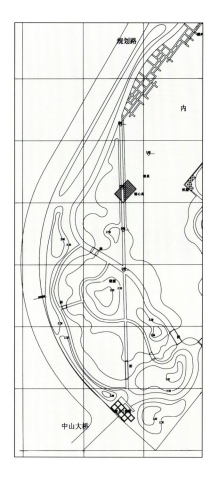

再生设计：红盒子，红色记忆

红色的视觉冲击是勿庸置疑的，红色的强烈让人很容易联想起 "革命不是请客吃饭"，那段著名的论断，粤中船厂，包括 "文革" 十年在内的革命年代和其间 "只是当时已惘然" 的多少如烟往事，被构思为一个红色的空间装置，或许，还可以记起列宁的表述，"遗忘，就意味着背叛"。白云苍狗，木棉花坠下沉甸甸的花朵。这是体验与记忆的再生。

Recycling design: A new design of red box, a story and memory box of the many movements in the past 50 years. This is a recycling of memory and experiences.

集体工人宿舍
A collective living room of workers

集体就餐
Dinning togecher

标语、口号与誓言
Slogans and posters

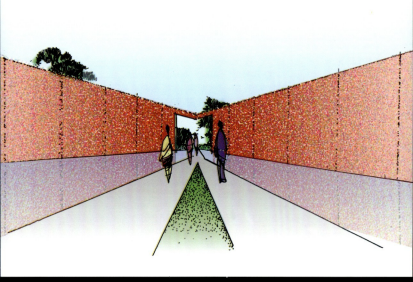

穿越红盒子
Walk through the red box

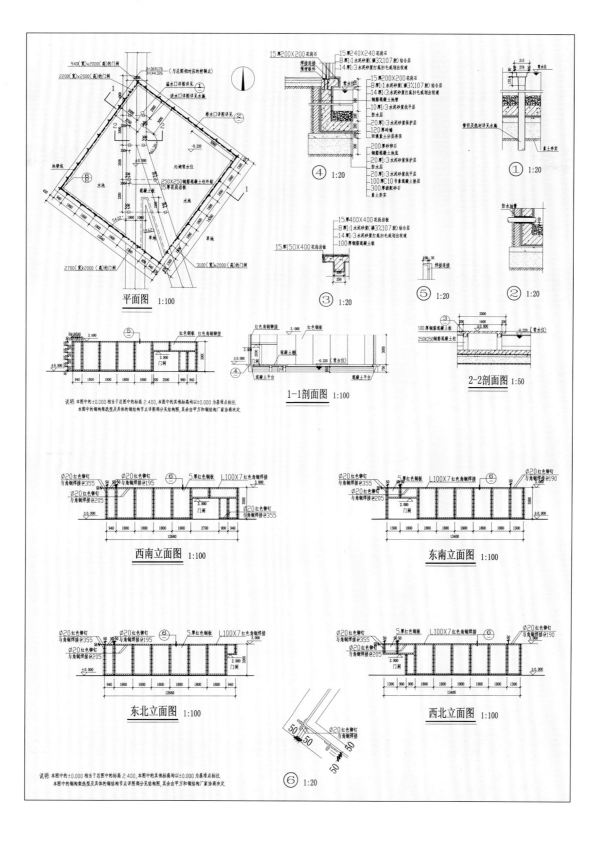

进入与走出红盒子
Approaching and leaving the red box

灯光下的红盒子
The red box in the light

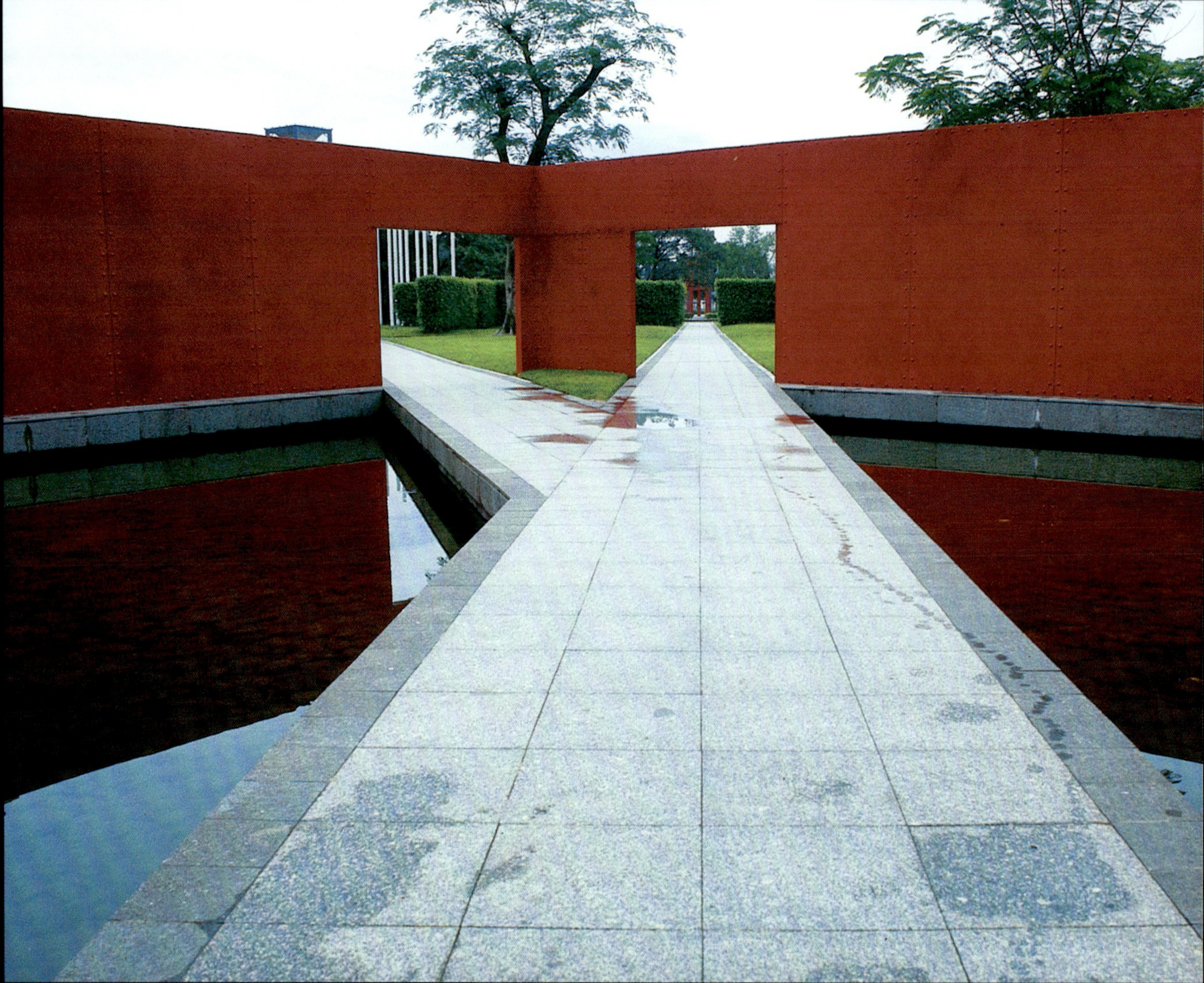

红盒子内的基面格式
The ground pattern of the red box

红盒子内的灯光
The lighting in the red box

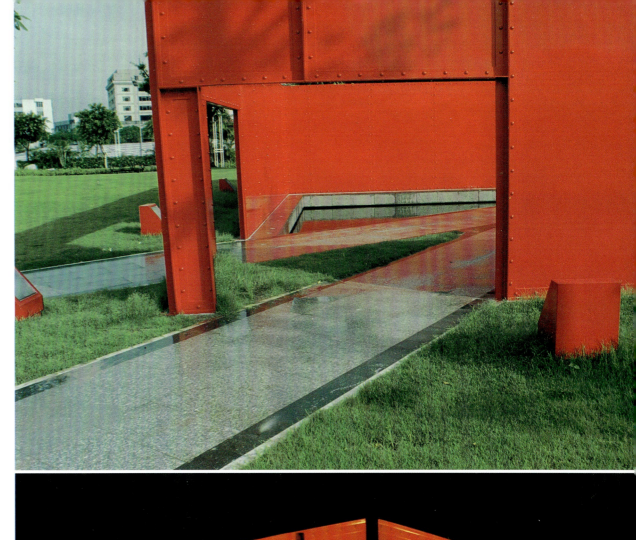

冷眼看世界
Watching the world from
the out side

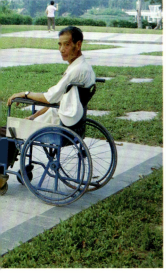

将革命进行到底：红色的力量
Carry on the revolution；the power of red

热烈中的沉静
To cool off in the hot red

再生设计：绿盒子

模数化的工业产品和设计，被用于户外的房子时，却产生了新的功能，绿房子——一些由树篱（垂枝榕）组成的 5 米×5 米模数化的方格网，它们与直线的路网相穿插，树篱高近 3 米，与当时的普通职工宿舍相仿。为一对对寻求私密空间的人们提供了不被人看到的场所。但由于一些直线非交通性路网的穿越，又使巡视者可以一目了然，从而避免不安全的隐蔽空间。绿房子是设计者对社会主义工业时代和永恒的人性的诠释。

A recycling design：The greenbox，an interpre—tation of the socialist industrial experience and an understanding of human nature。The combination of green enclosures and the path network provide refugee for those who seek hiding yet safe outdoor places。

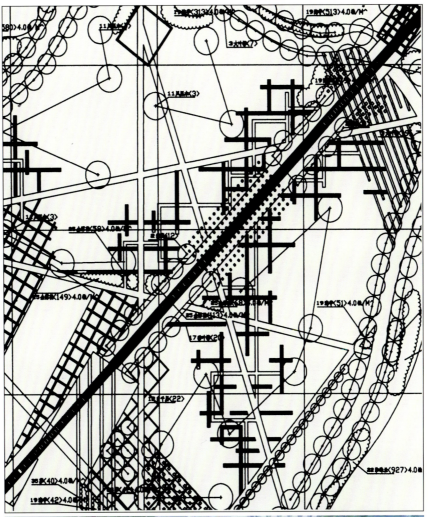

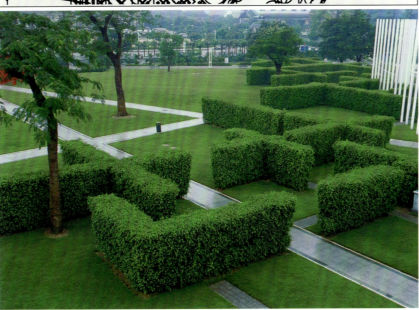

绿盒子之内与绿盒子的外面
The inside and outside of the green boxes

再生设计：万杆柱阵，场所集体主义精神的再生

回首粤中船厂当年，那时的主旋律恐怕是"自力更生，艰苦奋斗"，"一不怕苦，二不怕死"，感慨于当年集体主义，革命理想主义激扬出的众志成城的创业志气，也想到多少船厂人完整的青春年华，青春热汁洒在这块土地，设计者在向远处延伸下去的铁轨两侧，安置了白色的钢柱林，或是千万枪杆，或是冲天的信念，或是无限的纪念，或是延入长空的思绪……。

The recycling design: A column (masts) matrix; an expression and recreation of collectivism that was the most valuable spirit of of socialist industrial factory.

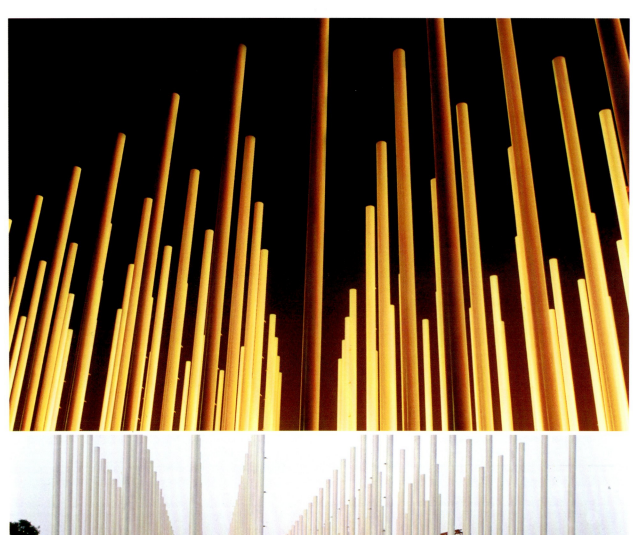

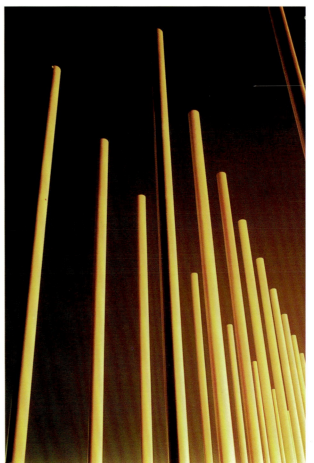

讲述过去的故事，也让今天的故事发生
Tell the stories of the past and let stories of today happen

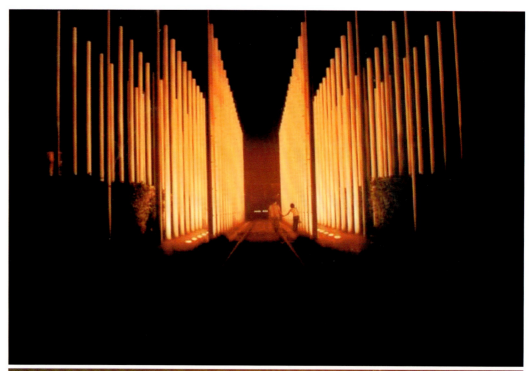

与柱阵结合的两个雾泉，一冷一暖
Two fountains in front of the collumns

再生设计：新亭子

亭子作为户外空间中的驻足场所，是中国古典园林的最主要构成元素，那千百年不变的形式成为中国传统园林形式的一个主要标示符号，充满诗意与故事。而新的时代需要有新的故事。这个湖心亭，是斜穿于湖面的直线步桥与南北向铁轨延长线的交点，构成整个公园的几何中心。

Recycling design：The pavilion in the middle of the lake. It is a focal point where meets the bridge that cut across the lake and the extension of the railway.

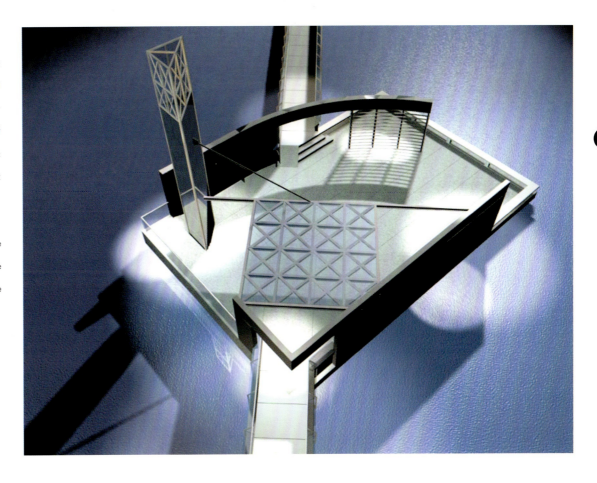

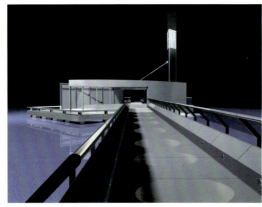

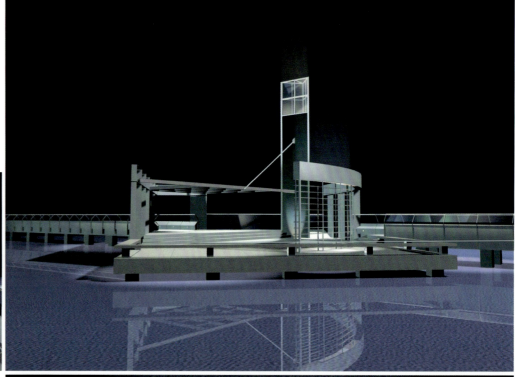

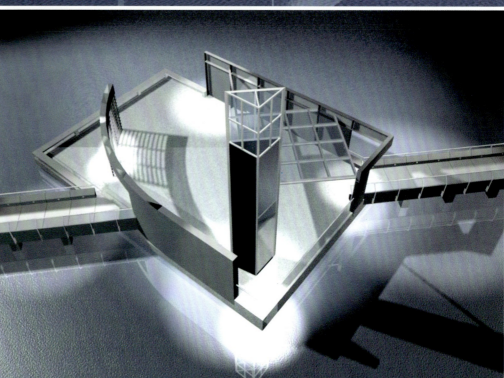

足下文化与野草之美

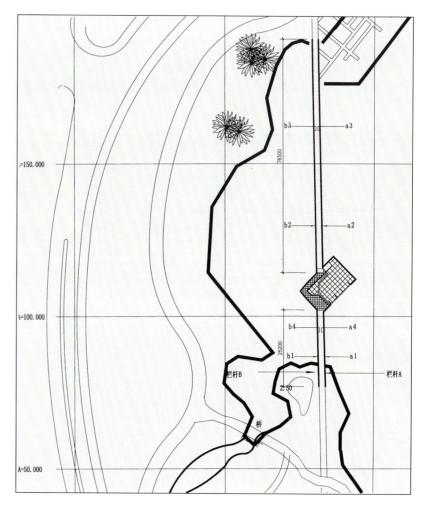

湖心亭前的喷水增加了些活跃的气氛

The fountain by the pavillion introduces an active atmosphere

再生设计：语言与格式

从场地现状中提炼设计语言与格式，以强化场地精神和满足新的功能。

Recycling design：Pattern and visual lan—guage that visuelize the spirit of the site

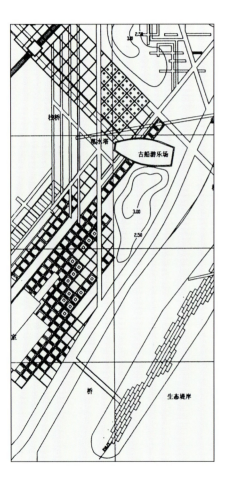

同一元素构成的格式语言，源于对工业化形式的感悟

The pattern made of a single ele—ment comes from the industrial spirit

将方格平面形式立体为空间结构
The grid plan pattern is transformed into
a gridded space

平面与竖向格式的整合
The integration between the plan and the vertical

生命与花岗石之间的格式：榕树岛铺地
The pattern between the soft and the hard

不同元素构成的格式，显示某种强大的统治力的存在
The pattern made of various elements showing the existence of a powerful dominator

钢与花岗石之间的格式
The pattern between steel and granit

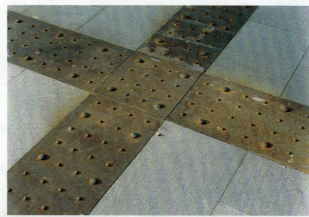

光照的格式
The pattern of lighting

不同空间构成的格式，体现功能流的存在
The pattern made of various spaces, reflecting the
existence of functional flows among spaces

广场的格式
The patterns on plazas

内外关系格局：公
园北入口（主要入口）设
计，城市与公园的空间
联系

The north entrance
connecting the park with
the urban fabric

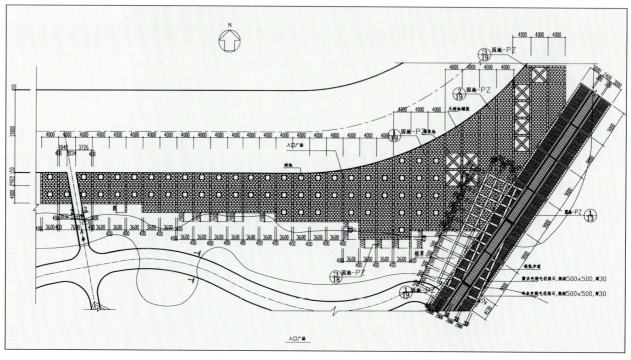

入口广场

再生设计：米字结构与铁栅涌泉

在这里，铸铁铺地，米字钢栅，用工业时代的笔墨，画出了一个体验空间。人性化的涌泉与钢性的栅栏，形成一种强烈的冲突，最终归于人们对美的追求。所用钢材是原有破旧机械和建筑废材的回炉再生。

Recycling design：Pattern landguage and steel fountain，express the meaning of the site

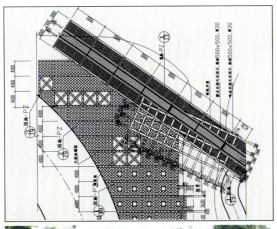

钢性－水性－人性在这里融合
A melting place of steel, water and humanity

再生设计：空间的再生

为现代人的日常活动和生理及心理再生提供空间。

Spaces for the physical and psychological recycling

of the common people.

Chapter 4 Words from the Insiders

第四部分　　回　味

4.1 场所语境——中山岐江公园的再认识

庞　伟（广州土人景观）

摘要：本节讨论了岐江公园设计在社会学意义上的开掘，在产业旧址再利用题目下的探索，并探讨了观念艺术的景观意义和实践。

4.1.1　前言

岐江公园，使我们有理由相信，在中国，出现历史尚不足百年的公园，还远不应是一件暮气的事物，它还有许多的可能！如果不是亦步亦趋于传统园林的章辞语句，如果不是越来越把设计理解为一种纸上的构图，我们就可能获得一个个关于环境塑造的更新语境。

设计不就是文化的一种现象吗？设计不就是植根于社会并且仍归融于社会吗？专业的界域，一定程度它隔阻了人们的视野，隔阻了那些需要通畅的思想。我们尝试去寻找设计的社会学基础，寻找公共环境的"公共"基础，为设计培植发达而敏锐的根丛须系，以便从固有成法和常规习惯中"摆脱"，从而，综观和再造，从而，提炼出亲人并且动人的"场所精神"。

在岐江公园的设计中，我们正是试图以一种宽泛的设计"笔法"来抒写"面"，使历史旧迹与当代特征、记忆与创新、机器技术与艺术、人工与生态、框架与细节，"共治"，"并置"，盘根错节，形成落差与张力，形成一定程度的解读多向性和岐义感，使"产业旧址再利用"的主旨，交融在美学、社会、人文、生态、技术、艺术诸多境界之中，意象跌宕。

4.1.2　产业旧址再利用

旧的粤中船厂地处中山市区中心的岐江水畔，匝湖而建，湖与江通。停产后，原址留下不少造船厂房、起重构架、水电配套设施、机器设备。岐江公园就选址在这里。经过勘察实地，城市调查等前期工作，并且通过多轮方案比较，思路筛选，俞孔坚博士与设计组同事从自身"观念"出发，拿出了一个以"产业旧址再利用"为设计主旨的方案。在设计组的"观念"中，作为地方性中小规模的造船厂，粤中船厂由1953年创业到1999年停产，全程经历了新中国自力更生的工业化进程，可以说艰辛而饱蘸历史沧桑。特定年代和那代人筚路蓝缕的创业历程，已经沉淀为真实并且弥足珍贵的城市记忆。对此，设计组以为，应"敝帚自珍"，在旧址基础上，保留并创造出一种新的城市价值。对这个观念和主旨还可以做以下几点说明引伸：

（1）近年来城市建设之沉重现状，一方面是对城市的认同和美化要求的迫切；一方面是空前高速的建设、美化行为对城市珍贵历史文化结构的"擦除"。这里一个中心的问题是价值判断的偏差。比如，对"现代化"单向度的备极推崇；对西方文化的备极推崇以及误读，甚至"恶读"。或者，以二十四史等同历史，名人等同文化，帝王将相意识浓厚等。

（2）广东中山是孙中山先生的故里，也是著名的"侨乡"。在这里，寻找中山先生光芒外的"光芒"和回避现成的西式古典"文脉"，而另辟蹊径是一个"设计"的险途，在公共环境设计中大家都讲"以人为本"，耳熟能详。实际上，这里的"人"是否应理解为"最广大的人民群众"，设计的"人民性"是否应成为公共环境设计更清晰和更重要的维度？岐江公园正是在题材上选择了一个"人民性"的主题。

（3）"产业旧址再利用"，是一个非常概念性的设计旨要，容易成为纸上建筑，作为特定条件的景观设计，既要避开通常的"习惯性"设计，又要为创新寻求"分寸"和"根据"，使环境的诗意产生于大量"非诗意"，即严格并且准确的细部之中；产生于对"机器的学习"之中。

（4）不管以什么题目作为设计主旨，是否使人们亲近和进入这个公园并寻找到克服城市生活嘈杂、紧张、疲惫之后的欣喜、愉快，寻找到适合休憩和使人们舒缓平和的空间氛围，寻找到属于孩子，老人，恋人和钓鱼者们的那些"场所"，这些既是设计的根本前提，亦为目标。

4.1.3 从"场地"到"场所精神"

以下段落，或者可以称作场地的"思路素材"：

（1）这是一个有"经历"的地方，属于"曾经"或者"昨天"，残旧而融合，人们的力量与意志已经汇同于"造化"。停产已有旬月，旧的生产设备，机器仪表依旧原位，墙壁上的文革标语也依稀可辨，空气中弥漫着一种错觉，仿佛这只是一个普通的厂休日，人们似乎还会涌回到那些操作台架上……"怀旧"是一种现成可触的情绪，"场所精神"与此相关，但又必须与之区别，并且，寻求超越。

（2）我们得到介绍，几十年间，这里生产了近千的船只，甚至在抗美援越的时候，也有过"粤中号"们的贡献，我们想像不到的是，工业在这个"工业"的地方，也竟十分简陋，可以感觉到"自力更生、艰苦奋斗"所指所及的良苦用心。曾接触过国外产业旧址利用为公园的例子，如德国杜伊斯堡北部公园（Duisburg North landscape park），在那里，工业呈现的洋洋大观，所呈现的成熟与整体，给接触过资料的人留下深刻的印象，与之相比，我们面对的产业旧址，其面貌零落，断续而不成规模。这也透露出，在珠江三角洲传统农业地区工业化起步跟跄，曲折艰辛的历史信息，针对这样的条件，仅仅保留与利用的思路是不够的。看来，需要通过创造、创新，去"再造"一种"境界"。

（3）即使是面对较简陋的工业，我们仍在旧址感悟到工业的"设计"力量，可以肯定在当年的机器制造行为中，甚至像"在可能的条件下美观"这样的指导条文肯定也不会存在，但是，结构的、功能的、逻辑的"美"，使所有的机器，似乎有一种"大师"般的设计气质，在这充满"装修""装饰"的年代，一种震撼自脚踵而起，我们的"场所精神"需要维系这种工业的或者机器的美学成功。

（4）时间的方向是指向生态化的。几十年间，水陆错杂的植物，已处在一种非常弥漫而又完整的氛围中，江岸浓密的榕树，湖边茂盛的水芋、菖蒲，堤坝上错落的竹林蕉丛，都在提示并询问，即使是新的建设，能否最大限度保持城市中心这难能可贵的"野趣"？营造"野草之美"？

（5）没有某级文物保护的牌匾，没有骚人墨客，也没有神迹和灵光指向这块地方，普通的人，劳动的人和不普通的，特定年代的工业化实践，那一代人的汗水和青春，使原址有了一种需要吟唱出来的东西。因为这"足下"的文化的坚实，使设计摆脱了一种形式的"悬浮"，而变得处处逢源，充满"意蕴"。土地与土地那么不同，南方与北方那么不同，大城与小城那么不同，而人间的万家灯火又点燃了多少不同的喜怒悲欢、离合兴衰？而我们的设计，我们的城市为什么每每盯住那些"伟大"的叙事，"恢宏的高歌"，"壮丽的乐章"，太花钱也容易雷同。岐江公园，使我们看到了那些被"熟视无睹"的人们，推开了被时光默默湮没了的"单位"之门，迎面吹来清新怡和的风，听到劳动的人们在歌唱。

4.1.4 并置——充满时间

岐江公园是一个充满时间感觉的地方。铁轨向远处伸延消失，柱阵向天空冲刺，思绪随之远近。

湖心岛上的灯塔由两部分组成，内部是旧厂区内的废弃水塔，混凝土结构，具体建造时间不详。外部则为新设计的点驳接系统玻璃幕墙，玲珑剔透，其上部为太阳色谱的彩色倒金字塔光雕。

不同年代的工业水平、造型差异、材质趣味，近距离"并置"，类似"琥珀"对时间的储藏。入夜，灯塔照耀了岐江和城市，也照耀了自己内部，那已逝的过往岁月。

码头亦由两部分组成，外部是水中的框架，上面覆盖着裸露的屋架，由厂区旧造船车间厂房拆除砖瓦保留而成，建造时间亦不详。邻近是另一全钢结构的造船车间，也在水中，显然不是同一时间的产物。与灯塔处理有所不同的是，新的钢构"抽屉"般插入旧框架之中，形成新的层次，密密的钢柱、钢索形成非常强烈的现代韵律。中间膜体下方是码头、士多和公厕等功能。新与旧"并置"为一个开放的结构体，结构是手段，也是目的和美。

在这个结构的"丛林"里，时间是风，穿梭其中，并追逐着一些为我们不知的东西。

4.1.5 广义雕塑观

装置（Installation）本来就是一个工业的概念，现在通常用为一种前卫色彩的美术实践，不同于雕塑对材料的雕琢或绘画的缺点，它强调"材料"的"装"与"置"。

岐江公园的"红色记忆"就是一个具有观念艺术的景观装置，它是一个由红色的钢板装配的"盒子"，剪开的两端放射出两条通向水塔和灯塔空间控制点的笔直道路，盒子无顶，内置清池，外种柔草，周围是红硕花朵的木棉树。

关于伴随船厂创业始终的红色意识形态氛围，或者，像"文革"这样震撼而重大的"事件"，除了政治上"彻底否定"这个层面，似乎还可能有一种"存在"意味的表达，使景观作品深度化，产生视觉和思想上双重的"波澜"。"红色记忆"并没有任何标语和形象出现，作品在提示一种更深层的"批判"，一种很浓烈的"静寂"。

公园旧址里有一处保留下来的旧烟囱。现在外围增加了一圈"脚手架"，形成了一个景观装置。脚手架下和几米上方并且分别有超写实真人大小的工人铜雕，模拟搭建脚手架的劳动情形。装置里存在三种元素——旧烟囱、新的钢管脚手架和雕塑工作者。

公园里旧龙门吊也有类似的处理，工人的雕塑被放置在劳动的直实环境中，雕像脚下的机器也是真实保留下来的场景，仿佛戏剧式的道具的真实，在细节上增加了现场气氛。

公园南门，一端是卫生间和管理用房，大门门框却是拆留的工厂钢梁，上面的电葫芦也依旧原位，显然这个"趣味"的安置使这个侧门在解读上增加了一些"困扰"和"层次"。

钢塑水塔是公园内另一个引人注目的装置，它是一个工业语言的"雕塑"。原址为一个普通的旧钢筋混凝土水塔，本拟保留，终因结构安全问题拆除。目前的设计，仿佛旧水塔的"骨架"，又仿佛旧水塔的X光影像。减去混凝土因素后，产生了一种意想不到的形象陌生，对人们已形成的某种视觉规范，达到解除和再认识，产生了新的语境。

以上数例，我们广泛地综合多来源的养素，使景观中通常由雕塑完成的艺术内容，渗透和溶解于景观本身，并通过装置，沟通设计语言和艺术语言，沟通物与观念。特别是通过装置，以某种违拗常识的"异乎寻常"去揭示某些本质性的"领悟"，像灯塔一例，正是通过对普通水塔的极为精致而又非常逻辑的"包装"达到对工业文明的有效"观察"，产生了空灵而且超越的"诗意"。

4.1.6 结语——有几个岐江公园？

岐江公园是一个已完成的工作，并且，是一个充满实验特征的工作。对我们而言，它留下了大量的遗憾。它已经引发了一些来自正负两面的建设性意见，并且，这些意见还在游观者们，包括纸上的游览者之间产生。岐江公园设计的社会学内容，形式语言，植物方式、观念艺术成分等都打破了我们对公园的习惯印象，从而也导致了一种开放性的"阅读"和"批评"。面对人家释义，面对观者高论，我们以为岐江公园正在经历另一种阅读途径的"建设"，正是这种"建设"的过程，它经由作品本身与社会感觉的相互作用，产生着不同理解、不同褒贬、不同价值、不同审美意义的岐江公园。

4.2 城市公园设计的创新尝试——岐江公园设计委托的 过程与理念

刘慧林（中山市规划局）

[摘要] 中山市城市规划实践一直追求利用自然环境建设新城，尊重历史文脉改造旧城的基本原则。继1996年旧城更新规划中，成功将近百年来形成的富有南洋建筑风格鲜明、极具人情味的旧街孙文西路改造为文化旅游步行街后，又在2000年建成岐江公园中，运用上述原则，创造了又一体现中山地方特点的新的成功典范。

中山市是一个由县城发展起来的中等城市，是民主革命先行者孙中山的故乡。在20世纪初，一些海外华侨在中山发展商业，在孙文西路形成了以南洋建筑风格为主基调的商业区，县城内商店林立，一片繁华景象。其商业建筑主要以骑楼、西式柱廊、三角山花、穹窿屋顶、密柱式女儿墙等，南洋建筑风格突出。工业建筑多布置在岐江河两岸，至50年代典型的工程建筑主要有造船厂、糖厂、码头等，至90年代虽已破旧，但充分反映了中山市从农业县到地级市近半个世纪来工业发展的轨迹。

改革开放以后，老城区已不能满足经济发展的需要，市政府针对中山市的具体情况，制定了先建新区后改造老城区的城市发展思路。到90年代中期，新城区已具规模，区内道路宽阔，街道整齐，绿树成荫，环境优雅，突显出城市现代化的风貌。在成功建设新区的基础上，疏解了一部分人口到新区，从而使旧区改造可以高起点。在改造旧城区上，本着保持历史文化的原则我们规划了孙文西路文化旅游步行街。通过保护、保留，局部改造的方法既改变了旧区的面貌，又提高了城市文化，并增加了旧城区的活力，提高了旧区的商业价值和土地利用价值，形成了颇具历史特色的文化旅游商业步行街。但老城区建筑密度大，空地绿化少，交通拥挤，环境差的缺点仍是一个需要长期不断解决的难题，需要一步一步，一个地块一个地块的调整改造。

粤中造船厂是我市一个老厂，建于1953年已有近五十年的历史，在中山市工业的发展史上很具代表性。但到了90年代，该厂已不能适应现代造船业的潮流，濒于停产，又由于该厂处于中山市岐江河东岸的商业繁华地带，破旧的厂房与岐江河沿线景观非常不相称，所以市政府决定将粤中船厂拆迁，建设一个公园，增加旧城区绿地和市民活动场地，这也是中山市政府在旧城区改造中的一个重大举措。

建设一个什么样的公园？是中山市政府关注的一个大问题。1999年我们委托了北京大学景观规划设计中心暨北京土人景观规划设计研究所进行了公园的概念设计，在俞孔坚博士的带领下，该机构曾长期对中山的山系、水系与绿地系统作过大量的调查研究，对中山地理文脉比较熟悉，且有较深的环境规划理念。我们认为这是作好岐江公园设计的基础。

根据规划局的委托，设计单位于1999年6月提出了岐江公园的概念设计方案，该方案的构思是因地制宜，袭用场地的历史条件，保留原造船厂的部分厂房，室外设备，经过简化包装，使其成为具有艺术性的历史遗迹。为突出公园的特色，同时以水代墙，隔而不围，使公园成为动静互为融合的旧城区延续的空间。市规划局对这种设计理念非常重视，于1999年6月18日组织了对该方案的第一次讨论，并提出了修改意见。设计单位在此意见基础上，修改和完善了规划设计方案。规划局于1999年7月23日再次扩大范围召开了讨论会，省内和市内有关专家、领导对公园方案进行了认真讨论；1999年12月广东省园林学会在中山召开年会，借年会之机，我们又听取了众多与会专家对岐江公园设计方案的意见。2000年元月11日又召开了全国的专家评审会，经过反复的讨论与争论及广泛的公众参与，最后接受了土人景观的设计理念和不断修改完善后的方案。经过一年多的努力，岐江公园于2001年5月全部建成。岐江公园成功的设计与实施，使岐江河两岸的景观充满生机与地方魅力，沿岸树影婆娑，碧波荡漾，水体、植物自然天成，已成为一处绿色的，充满特色和文化气息的休闲娱乐、旅游观光的滨水空间。

回顾岐江公园规划设计过程中伴随着的激烈的争论,我认为作为委托方对以下三个问题的把握是至关重要的。

(1)把握方案的设计是否恰当地处理了历史遗迹和休闲公园的功能关系,提高了公园功能的文化内涵。

纵观国内外的各类公园,有名人遗迹公园、古建筑公园、雕塑公园、山水公园等等,主题很多,但大多都以自然景观或文化遗迹作为主题。以工业建筑遗迹作为公园主题的国外有个别例子,国内几乎没有,专家们对此设计理念进行讨论时争论激烈,争论焦点是这种并不是文物性质的建筑,要不要保留。大部分人的观点是否定的。实际上,历史上的工业遗迹也是社会文化发展的一部分,有其保留的价值,问题是如何对生硬、陈旧的工业遗迹进行整理、提炼、包装,并赋予其新的功能,使其具有休闲及观赏性,与公园环境进行有机融合,又不使其失掉文化延续的价值。俞孔坚博士在岐江公园的设计中对此进行了大胆的尝试,并获得了成功。这里,我认为有一点特别重要,那就是历史工业遗迹保留多少为好,这也是众多专家的疑点。岐江公园毕竟是以绿化为主体的休闲公园,保留的比例大,就成了工业遗迹的展览场,失去了休闲公园的特点。保留得太少,又削弱了工业文化的特色。作为设计者要有匠心,使其恰到好处。非常值得庆幸,土人景观在岐江公园的设计中做到了这一点,并获得了成功,尽管粤中船厂不是文物性质的古代建筑,但它是中山市历史上重要建筑之一,从中可以看到中山市时代的发展和历史的变迁,对城市文明的延续,人文精神的体现,有不可估量的作用。这也使我联想到我们国家无论是建成千年的古都,还是近代崛起的现代都市,都面临着旧城改建的重任,大拆大建、推倒重来的方式是出现城市特色危机的直接原因之一,城市中客观存在的历史环境如何保留、继承乃至更新的问题都应该引起规划界的关注,应在规划中认真考虑。尽管尊重历史的观念在我国早已被许多规划师、建筑师接受,但在具体的实践中往往并不是很自觉。通过岐江公园规划设计实践,我认为有必要从中总结,希望从方法上加以完善。

(2)把握处理好河道拓宽与保留旧有景观之间的矛盾。

粤中船厂旧址沿岐江河岸原有一排大叶古榕树,是沿江最漂亮的风景,弯弯曲曲,郁郁葱葱,给岐江增色不少。但由于岐江河在此段河道过窄,仅有60米,不符合城市行洪标准80米的要求,所以必须加宽河道,这样就会危及这片榕树林。规划方案提出开挖内河,满足过水断面要求,使原江岸上的古榕与水塔形成岛屿,经过规划局与水利部门多次协调,在设计人员的精心设计下,这一创意得以实现,既保留了自然景观特色,又在空间上形成了另一层次的景观。现在站在对岸看岐江公园,半面被此榕树遮掩,半面豁然开朗,别具一番情趣,夜晚,岛上的灯光水塔更令游人流连忘返。

(3)把握处理好公园内外人和自然的关系。

一般在较大型公园的设计中,大都设计了围墙,以便管理,但这样就使公园成了一个封闭的空间,对公园成为沿江开放空间的作用就减弱了。设计中岐江公园用溪流代替围墙,使内外空间隔而不围,分而不断,内外环境融合在一起,扩大了生态空间,即使人在公园外经过,也有身临其境之感,效果很好。在人和自然的关系方面,岐江公园的设计还有许多优点,如植物品种的选择和综合上,注意了野性、水生、湿生植物的搭配,根据不同的环境需要进行设计,形成了不同风格的亲水景观,在处理随潮变化的水面上也有新的思路,这些都是在今后进行环境设计时可供借鉴的宝贵经验。

当前设计市场是买方市场,景观设计,还是设计领域中一个新的领域,不少建设单位对景观设计还停留在种花、种树、铺草皮的概念上,设计人员很多新思维和设计手法,容易被建设方因不理解而被否定。在土人景观设计岐江公园的过程中,不少专家也有不少争论和疑惑。但中山市的委托方抓住了这个新思维,多次组织专家进行讨论,予以支持和完善,并坚决贯彻实施,取得了很好的效果。事实证明,城市规划建设光靠老套路不行,需要新的观念,新的思维,这对我们今后城市规划也是一个启发。

Chapter 5 Words from Outsiders

第五部分　　旁观者说

5.1 关于产业类历史建筑地段的保护性再利用[1]

王建国、戎俊强（东南大学建筑学院）

（本文主要内容首次发表在《时代建筑》2001／4）

摘要：产业类历史建筑和地段的保护性再利用今天正在成为世界关注的热点。本文讨论了当今城市更新中产业类历史建筑和地段保护性再利用的概念和意义，阐述了保护性再利用的主要途径，最后还分析了保护与再利用的关系。

5.1.1 关于保护性再利用的意义

中国的城市正在进入一个以更新再开发为主的发展阶段。而其主要内容就是大量的产业类建筑与地段。对产业类建筑的保护和改造再生问题的研究，具有资源利用、经济效益以及保护环境和历史文化等诸多方面的重要意义和现实价值。

（1）资源和经济因素方面：通常建筑的物质寿命总是比其功能寿命长，尤其是工业类建筑，大都结构坚固。并且其建筑内部空间更加具有使用的灵活性，与其功能并非严格的对应关系。因此建筑往往可在其物质寿命之内经历多次使用功能的变更。同时，改造比新建可省去主体结构及部分可利用的基础设施所花的资金，而且建设周期较短。

（2）环境因素方面：改造再利用的开发方式可减少大量的建筑垃圾及其对城市环境的污染，同时减轻了在施工过程中对城市交通、能源（用水和耗电等）的压力，符合可持续发展的时代潮流。

（3）社会文化方面：产业类历史建筑同样是城市文明进程的见证者。这些遗留物是"城市博物馆"关于工业化时代的最好展品。如格罗皮乌斯（Walter Gropius）1911年设计的法古斯鞋楦厂就是在欧洲第一个完全采用钢筋混凝土结构和玻璃幕墙的建筑物，具有重要的建筑史学价值[2]。是我们认识历史的重要踪迹和线索，应该被认为是未来城市的一部分。

5.1.2 关于保护和改造再生对象的范围界定

每个时代都有其特定的、代表性的产业类历史建筑和地段，根据笔者看法，其意义和界定标准可有以下方面：

第一，一些产业类建筑本身的风格、样式、材料、结构或特殊构造作法具有建筑史的研究价值。如德国著名建筑师贝伦斯（Peter Behrens）1908年所设计的柏林通用电器公司透平机车间就被认为是第一个真正的现代建筑[3]。

坐落在巴黎郊外马奈河畔的麦涅（Menier）巧克力工厂保护性改造则是另一优秀案例。该工厂中现存有被认为是世界上第一座完全由铸铁构件制成的建筑，目前该建筑已列入历史遗产保护名单。1993年，在世界性的历史遗产保护和再利用的背景下，人们对这座工厂的旧建筑进行了保护性改造工作，在改造旧建筑的同时，业主还新插建了部分新建筑和4公顷的绿地，不仅获得了新的使用功能，同时还很好地保持了原有的历史风貌特点[4]。

中国最早的工业城市上海也留下了不少极富建筑研究价值的产业类历史建筑。如杨树浦煤气厂的前身是上海最早创办的大英自来火房，它的炭化炉房就曾经是中国第一座钢结构厂房建筑[5]。

第二，这些建筑及其所在的地段本身具有的历史地标价值和意义。它们往往曾经见证了一个城市乃至一个地区和国家的经济发展的历史进程。如历史上一直作为德国工业和军事装备中心的鲁尔工业区,记载着上海百年产业兴衰的上海苏州河沿岸产业类建筑及地段等,这些都需要精心保护。

第三,建筑和地段两者都具有重要的价值,而且有些建筑可能还在继续使用过程中,但其特殊的造型、色彩和庞大体量对于城市景观和环境具有视觉等方面的标志性作用。

这一方面,美国波士顿海岸水泥总厂及周边环境改造较为典型,它为世人提供了一个重工业设施与城市滨水地区改造有机结合的优秀案例[6]。

该水泥总厂及辅助的管理用房位于波士顿Drydock街尽端的一个面向机场的港湾码头区,周边原先还有一个服务于军事基地和海军的发电厂。该工厂中矗立着四座高36.6米、直径18.3米的高塔。经过精心设计改造,设计得使它成为港湾的一个视觉标志。这些高塔以灰色混凝土为色彩基调,檐口装饰有深红色,同样刷成红色的风动管和毗邻的管理办公用房,使红色成为贯穿整组建筑的一个设计特征。同时,设计对高塔与其所对应的街道的视觉走廊关系也进行推敲,并在Drydock街尽端处规划了一个绿树掩蔽的小公园绿地和一个滨水观景平台。"该建筑具有一种代表美国历史上大型工业建筑物的戏剧性和雕塑般的力量,它以一种令人惊奇的景致表达了一种原始的力量",建筑师Campbell在《波士顿导游》上如是说。

第四,对于有些当年建筑品质较高的产业类建筑,其建筑空间、结构、使用寿命或其所处地段尚有继续使用和改造再利用的潜力和价值。如原濒临倒闭的南京丝织厂改造成"好世界"综合餐饮设施,经济效益大增。位于法国拉维莱特公园的巴黎科学城也利用了原有建筑的结构和基础,节省了大量投资。

在国内,广东中山市最近完成的岐江公园是一项目前难得一见的产业类历史地段改造的优秀案例[7]。岐江公园场地为中山粤东造船厂旧址。该船厂在20世纪50~80年代曾繁荣一时。1999年,中山市在"退二进三"背景下,经过由市民参与的广泛讨论,设计者决定将其改建为一处以"产业旧址历史地段的再利用"为主题的城市开放休闲场所,并最终得到中山市有关领导的首肯。就在这块基地上,设计师利用了旧时遗存的船棚、变压器、龙门吊甚至烟囱作为设计素材,同时掺插以现代景观环境小品,运用景观设计学的处理手法,并通过这些素材之间潜在的关联性和语境张力,创造了一个在中国尚属全新的城市公园和产业类历史地段改造范例。

该案例在自然要素处理方面也颇有特色,设计保留了场地原有的榕树,驳岸处理和植物栽植选择亦尽量体现自然和生态的原则,使得该公园环境在人工要素为主的空间环境和形态架构中显出几分自然和随意。

场地中原有的一座混凝土水塔则被罩上了一个支点玻璃构成的透明盒子,"如同千万年前的一只古老昆虫被凝固在绚丽的琥珀之中"。如同德国杜伊斯堡内港改造(N·福斯特规划)和鲁尔工业区一样,市民或游客在这里不仅会感到一种"产业景观美"的存在,而且可以触景生情,追慕当年的繁荣场景及其盛衰变迁。

5.1.3 关于保护性再利用的方式

在各国的保护规划实践中,对产业类历史建筑及地段常采用以下方式。

(1)经过改造赋予新功能:即保持原有建筑外貌特征和主要结构,内部改造后按新功能使用。这样做不仅增加了这些建筑本身生存的活力，而且还可获得一定的效益。

如最近不少艺术家在上海泰康路和苏州河滨水地区利用废弃的工业厂房和仓库建筑作为自己的艺术家工作室。结果使这些地段迅速恢复活力[8]。

再以法国马赛Docks仓储建筑群为例[9]，19世纪中叶，马赛港连接着欧洲与世界各地，是世界上最大的港口之一。1869年，这种联系因苏伊士运河的开通而进一步得到加强。

Docks仓储建筑群启用于1863年，它是在马赛港辉煌鼎盛时期建筑的。该建筑综合体长365米，包含了13栋七层高的建筑，总用地达8公顷。作为整体，这组建筑形成了一个面对马赛港湾的巨大街区。二战后，随着产业结构和港口功能的改变，这些仓库建筑逐渐沦为废弃。1991年，SARI公司买下了整组建筑，并启动了一项改造再生计划。其中，最早改造的是建筑东端毗邻马赛旧港的部分。设计师在项目中设计别具一格，在每栋建筑中央设置了一个由步行通道横贯的中庭，该中庭周边建筑从七层一直到第三层都享有自然采光，从中人们可以感受到与该建筑粗犷外观全然不同的优雅室内开放空间。同时，内院中还设计了一个反射墙面光线的倒影池，一汪清水给人以一种建筑漂浮于水上的感觉，唤起了人们对马赛港建设源于海上的回忆。这一改造充分表明，像马赛港这样重要的建筑及地段在未来城市发展岁月里，仍然具有继续保存和利用的价值。

（2）历史地段性改造再生常常综合采用用地调整、环境整治、增加基础设施和服务设施、功能置换和重要地标建筑物和环境形态要素的保护，使之既有清晰可见的地段历史发展踪迹和见证物，又具有全新的、符合当代使用功能和景观生态要求的一流环境，但应掌握好改造利用的强度。这一方面，英国伯明翰中心滨水区改造[10]是一个非常成功的实例。

伯明翰是英国重要工业城市之一，也是英国运河网络的中心枢纽所在，其中心滨水区大部分用地曾经被产业类建筑设施所占据。二战被炸、城市更新、产业调整、河水污染给该地段带来了严重的社会和经济问题，周边房地产业一蹶不振。

为使伯明翰中心区重新焕发活力，1984年，伯明翰市政厅宣布将对中心滨水区进行整治改造和再开发。该计划实施首先是从滨水河岸边的拖船纤夫路径、船闸和水质清污整治开始的，连续三年的清污，清除了河里已经持续200多年的污染物，并将水质等级从3提高到1b（仅比最高水质低一级）。同时，当局决定在此兴建的会议中心等项目又进一步加快了该地区的复苏，一项总投资为2.5亿英镑包括餐饮、咖啡、写字楼、住宅和水族馆在内的私人综合土地利用案也随之而来。该地区原有的仓储建筑和河运设施得到了保护性再利用，一些铸铁结构、造型优美、历史上拖船纤夫所走的桥也得到了保护：节日码头古玩中心则设在了一幢旧仓库和一些修船设施中。今天，富有独特风情的游船携游客在运河中游弋转悠。而步行游客则可漫步在细部造型精美的滨水步道上，重新领略伯明翰中心滨水区的优美景致和魅力。

伯明翰案例的经验表明，历史建筑和地段的保护和改造，一定要落实到在城市大环境和背景（如河流疏浚清污、道路改造乃至经济结构调整等）的层面上才能取得真正的成功。

5.1.4 关于保护和再利用的关系

一般来说，任何城市更新改造和再利用多带有前瞻性考虑，以使其具有社会和经济持续再生的活力；而一般保护工作却相对是后顾的，关心的是保护对象的良好生存和"延年益寿"。因此，这就需要在一个更大的平台上对此进行综合权衡和整体考虑，从世界性实践案例的成功经验看，这一平台通常就是城市设计，亦即可以在城市设计先行考虑的前提下开展历史建筑保护性再利用的问题。

历史建筑及其地段保护和改造是城市设计实践中的一个重要领域。从城市设计角度看，历史建筑保护工作只是旧城更新和改造的一部分，而非全部；同时又认为，单纯的文物建筑保护与一般的历史建筑及地段保护改造是有区别的，前者可以采取相对确定的方式对相对确定的对象加以保护，而后者必须同城市社会经济发展有机结合，并在地段乃至城市尺度上考虑相关影响要素，处理好"保护与发展"、"保护与建设"、"保护与利用"、"保护与恢复"等方面的关系。这一方面的成功案例有德国鲁尔工业区"生态现代化"更新改造[11]等。

应该指出，不必也不需要将所有的产业类历史建筑及其地段都加以保护和再利用。对待此类建筑及地区，完全将其作为文物进行保护，是不现实也是不可能的，相反，进行适当的改造，使其满足新的功能要求，并重新加以利用，才能使其具有长久的生命力。

在有选择地保护的同时，我们对于那些不具有上述意义和价值的许多产业类建筑和地段则完全可以采取以更新开发为主的建设方式。例如在中国，由于历史原因，许多产业类建筑建设于规划失控的年代，占地大、建筑密度小，建筑标准低，布局不合理，土地利用不经济，更重要的是它们大多不符合今天城市规划的要求。此外，还有不少工厂是在"文革"时期违章建设、见缝插针、占据了民居、园林和文物建筑[12]，今天必须采取迁、关、并、拆等综合手段来加以整治。

不能认为产业类建筑及其历史地段的保护性改造只是一种"时髦"或"锦上添花"。许多案例实践表明，城市利用对保护产业类历史遗产事业的投资可以成功地实施城市环境的改善，有效地推进城市经济的发展。如美国的巴尔的摩内港（Inner Harbor）、波士顿昆西市场（Quincy Market）、悉尼达令港（Darling Harbor）、岩石区（The Rocks）改造都是通过对传统产业类城市用地和建筑的改造再生而获得社会经济和环境改善的"双赢"成功的。

总体来说，当代城市建设发展摒弃了现代建筑运动中出现的大拆大建的"激进式改造"方式，采取了更加务实的、分阶段的、小规模的渐进式改造和保护相结合的方式，以求得逐步达到较大变化，使之与社会发展实际进程相吻合，而其对象也逐步扩展到包括产业类历史建筑及地段在内的更广泛的范围。从国外此类实施成功的案例看，这种改造和保护还必须与政府的政策制定、开发商的理解和合作、社会公众参与等紧密结合在一起，这一点在当今中国尚任重道远，还有一段很长的路要走。

参考文献

1   国家自然科学院基金资助项目

2   王受之，世界现代建筑史，中国建筑工业出版社，2000，第138页

3   四校合编，外国近现代西方建筑史，中国建筑工业出版社，1982，第53页

4   Philip Jodidio,Contemporary European Architecture,Taschen,Koln,pp,148-153

5   张松，产业遗产：都市新话题——工业老建筑的保护和利用，www.abbs.com.cn

6   Ann Breen & Dick Rigby,Waterfronts,McGraw_Hill,Inc,New York,1994,pp,297-300

7   该项目由北京大学土人景观规划设计研究所等单位设计，俞孔坚教授提供资料

8   沈嘉禄，被艺术"腐蚀"的厂房，新民周刊，2001年16期，第40-41页

9   Ann Breen & Dick Rigby,The New Waterfront,Thames and Hudson,London,1996,pp.118-120

10   Ann Breen & Dick Rigby,The New Waterfront,Thames and Hudson,London,1996,pp.52-55

11   Robert Holden,International Landscape Design,Laurence King Publishing,London,1996,pp.10-27

12   如位于江苏常熟市的著名江南园林燕园"文革"期间就曾被皮革厂占据。

5.2 时间和人的舞台——中山岐江公园侧记

胡 昂（深圳大学建筑设计院）

（本文首次发表在：建筑学报，2002（8）：53—56）

在结束了2001年深圳春季房地产展销会及房地产高峰论坛的活动后，2001年5月3日我们由广州土人总经理庞伟陪同赶往中山市。这里有俞孔坚博士和土人的一个重要作品——中山岐江公园。设计由北京土人景观规划设计研究所承担，庞伟负责的广州土人及部分艺术家担负了现场施工指导。

可以看出，俞孔坚对此项目有很强烈的感情，的确如此，任何设计者——真正的建筑师对自己的作品都有着相同的态度，如果你倾注了情感、理性和辛劳，何尝不想有好的回报，应该说这种心态，倒是非功利的成分居多。越是严肃的，有创造性的建筑师越是关注建筑的过程及结果，这是长时间艰苦跋涉中的回望和小憩。

我们是在南国新兴繁华小都市的气息中进入中山的。炎热的中午，葱郁的植被，新扩的城市大道，浓郁地方特色的集市和人群……，岐江公园在车窗边一闪而过。在一个小集市的旁边吃了一顿西式套餐，当地规划局的一位科长作陪，买了充足的胶卷，我们很快回到公园现场。

正如俞孔坚通常强调和所表现的那样，设计师需要对所设计的场地保持高度的敏感和兴奋，一进入尚未完工的工地，俞便沉浸在体验和回味中，手提相机大步流星地在南方初夏午后的烈日下行走，关注着自己的目标，偶尔对陪同的人们评说着施工中的不足，我则像一个路过的访客，自在的、无目的的闲逛。

胖子（庞伟）怕热，坚持不住，对我说他领教过博士的疯狂的精神，决定溜回去午休。随之其他人在第二圈后撤走。留下一群午间休闲的市民、嬉水的孩子和我们两个北京来的建筑师。

有趣的是在现场，我们遇到一个当地园林部门的技术人员，大概是在方案征集阶段曾与俞博士照过面。在我们走第一圈时，他略显含蓄的不满开始与俞孔坚有了交锋。他抱怨说林木配置不够整齐，草坪杂色太多，铁轨及雾状喷泉下的白卵石难于管理（的确，不少孩子拿走了那些漂亮的石子并到处乱扔）等，他甚至关心到了土人员工的工资，对这个哈佛博士及其土人事业仿佛充满了好奇和不解，这个园林设计师有些幸灾乐祸地指出：这个公园的设计是不成功的，因为它没有主题，因而无法与主轴线安排了孙文先生塑像的中山公园相比因而游人稀少等等，俞博士一边拍照，一边表示些无暇或不屑。我是个园林及景观设计的外行，加之语言障碍一时也无话可说。

似乎大家都在追求某种主题，这就是我作为一个旁观者所感受到的幽默。事实上此类插曲经常演示某些话语交错解构的具体过程。但事情的结果在于俞孔坚坚持了他的想法和做法，中山市府当局接受了方案并给俞博士充分的信任。一件有意味的事件已经开了头，可能就不可抑制的发展了下去，这个意义上，俞博士和他的同道们的努力得到了令人羡慕的回报。

岐江公园位于中山市的中心地带，原来是一个造船厂，一个工业化遗址。为什么土人重视它？很显然这不是个普通的公园设计，它包含着城市中心区的环境改造，一个特定条件下的景观设计，在我国近年的公园设计中，它的场地基础、构思渊源、形制、手法是在一个完全不同的起点上展开的，一些来访者称之为"另类"的公园设计。在我看来，所谓另类的感觉源于一种习惯所遇到的障碍，比如，园林设计或公园设计的常规视野，单纯的建筑设计或所谓城市规划的局限，形式的可能及环境的社会化语境等，以我的陋见：在岐江公园，俞孔坚及其北京土人景观规划设计研究所有两点是不俗的，其一在于基地现场要素的提取及因此产生的空间、时间深度，其二在于鲜明的现代城市景观意识及其构造手法。可以说这是一个整体的设计，提炼并发展了场所含义。

让我更感兴趣的倒不是那些现代的构成手法，而是体现这些手法的载体与人群的关系，东部的人工溪流吸引了成群结队的小朋友们，许多乔木尚未成型，但场地空间已产生出场所引力。那些水中巨石据说是庞伟及夫人黄征征亲自指挥石工摆放的，水体深度恰如其分，许多孩子肆无忌惮地嬉闹着，我深深的为之感慨，想起自己小时候在山间小溪玩耍的情景以及我儿子生活过的单调乏味的城市场所。这种亲水空间的塑造极为生动的表明，我们城市的每一个角落是多么需要用心去设计，为所有的老人、孩子提供一种安全的、忘情的场所，为疲惫的现代人提供一种温馨的回忆。孩子们兴奋地看着俞孔坚跳跃的镜头，不远的地方，红色的龙门架和尚未改造的船坞预示着另一些风景的发生。

沿着江堤的入口处是开放的，没有千奇百怪的大门，没有收票的门卫和严肃的门卫房，硬质铺装地面使用废旧钢板进行了划分，和旧铁轨共同将城市空间导入公园景观，以钢桁架为母题的地面喷泉不时地引来嬉水的儿童，我看见一个不会走路的幼儿竭力想挣脱他年轻的父母，去触摸那跳跃的水花，一个"尚武"的男孩一次次试图劈断那水柱，女孩们要求俞博士为她们留下照片，调皮的少年骑着自行车勇敢地

尝试着穿越喷泉，恋人们并行走在两根钢轨上，似乎是玩着若即若离的游戏，三三两两的游人则好奇地议论着那突兀的旧铁道，一位残疾人在亲友的帮助下，越过了这道风景。

我坐在入口处的大树下，躲避着烈日，看着这一切，想着"五十种嬉水方式"之类的题目，我和俞博士打趣，建议他拍成照片作些展版送相关装置艺术展，这里的场景中，建筑师已经远走（或消隐），只留下生活的画面，纪录它本身就是艺术家的观察和表现内容之一，建筑师为自己的作品唱多少赞歌都比不上生活本身的接受来得有价值，入口的闲适、轻松、自然成为我们共同感受到的城市公共空间氛围。建筑师在哪儿呢？水体的位置、尺度、安全与城市道路及入口的关系，推敲这些不易为人感知却必须让人感知的内容是设计师的重要责任，恕我直言，这些工作比"静思空间""红色记忆"装置"文革遗址"之类更有意义。也许我少见多怪，过于看重这些细节了，但细节决定质量，还有建筑师的执著程度。如果在细节上体现出精致的匠心和再创的文化符号，那更属难得。栏杆和灯具都是俞孔坚和他的土人所重视的，如果没记错，四川都江堰的一个广场设计中，此类细部与当地山民的背篓仿佛还有些渊源。话说回来，中国建筑师的无中生有的"大话癖"也害了不少有才华的人。

但是我极为赞赏公园设计中历史"痕迹"的提示和再造。如果说构思，但显然这是构思的核心。用时髦的话说，设计师确实试图"保存一个城市某个阶段的记忆"。通常我们往往把构思看作是一个拍脑袋的产物，场景和原型都源于个人的某种阅读或经验，而当快速反应时代到来的时候，你的资源决定了你被市场接受的程度——受教育及工作的阅历，图书资料的丰富，交游和圈内的互动，等等。

　　如此,你有可能但首先是会用心地不辞辛劳的踏勘现场吗?会挖掘现场所有的地理、生物和人文要素吗?会用现代的、个人的体会咀嚼它吗?会用大师般的感觉替代一些必要的尊重吗?会珍惜一些行将逝去正在被当作文化标本陈列或演示的东西吗?会努力寻找新的构造和表现形式创造你自己的语言吗?

　　也许,当一些地域文化的,人类学的,艺术的遗存被社会普遍重视的时候,我们才有资格和理由这样询问自己和同行,但是的确有人现在就在作这样的努力。因此,在原创性如此匮缺的时代,我们不得不向少数幸运的理想主义者致敬!

　　公园里的烟囱,龙门吊架,变压器,旧船坞和修船车间,废弃钢板,旧轨道,甚至一条小船都得到了保留、整修或利用,直线步道,不同介质的交接,对景处理,我们还看到一些新的堤岸处理和护坡技术应用。想像一下,置身于摇曳的芦苇之中,水拍木台,听风声蛙鸣,看满目繁华,不失为文人做文章的好题材。

　　"静思空间"、"红色记忆"是不少人津津乐道的,它和柱阵系列大概是公园里的新的表达,典型的现代景观手法。红色的立方体,白色的列柱(它们似乎有些尺度上的问题)煞是醒目,在随后晚间的拍照中,魅力尽显。也许有人会推敲它的含义(正如任何事情都有其含义一样)我倒是宁愿放弃对这种意义的检索,而享受它们的体量、色彩、纯粹的构成、标识性质、那么一点趣味和对环境的适度的干预。

　　俞孔坚博士来回跑了四五趟,拍完了大量的胶卷,终于很放松、舒适地躺在了草坪上,大约沉浸在"天、地、人、神"的感悟中,变成了地道的心事浩渺的土人。天色渐晚,我和广州土人来接我们的司机坐在雾状喷泉边,乘着一丝薄凉,昏昏欲睡。

图书在版编目（CIP）数据

足下文化与野草之美——产业用地再生设计探索，岐江公园案例／
俞孔坚，庞伟等著.—北京：中国建筑工业出版社，2003
ISBN 7-112-05684-5

Ⅰ.足... Ⅱ.①俞...②庞... Ⅲ.公园－园林设计 Ⅳ.TU986.2

中国版本图书馆 CIP 数据核字（2003）第 012348 号

责任编辑：田启明
装帧设计：伯　丁

足下文化与野草之美

——产业用地再生设计探索，岐江公园案例

俞孔坚　庞　伟　等著
北京大学景观规划设计中心
北京土人景观规划设计研究所
*
中国建筑工业出版社出版、发行(北京西郊百万庄)
新 华 书 店 经 销
北京嘉泰利德公司制版
北京中科印刷有限公司印刷

*
开本：787 × 1092 毫米　1/12　印张：21
2003 年 3 月第一版　　2003 年 12 月第二次印刷
定价：**198.00** 元
ISBN 7-112-05684-5
————————————————
　TU · 4997(11323)

本社网址：http://www.china-abp.com.cn
网上书店：http://www.china-building.com.cn